美味养生汤一本就够了

主编　高海波 李海涛

江苏凤凰科学技术出版社

图书在版编目（CIP）数据

美味养生汤一本就够了 / 高海波，李海涛主编．--
南京：江苏凤凰科学技术出版社，2016.1（2019.4 重印）
（含章·食在好健康系列）
ISBN 978-7-5537-4927-3

Ⅰ．①美…　Ⅱ．①高…　②李…　Ⅲ．①保健－汤菜－
菜谱　Ⅳ．①TS972.122

中国版本图书馆 CIP 数据核字 (2015) 第 148722 号

美味养生汤一本就够了

主　　编　高海波　李海涛
责任编辑　樊　明　葛　昀
责任监制　曹叶平　方　晨

出版发行　江苏凤凰科学技术出版社
出版社地址　南京市湖南路 1 号 A 楼，邮编：210009
出版社网址　http://www.pspress.cn
印　　刷　天津旭丰源印刷有限公司

开　　本　718mm × 1000mm　1/16
印　　张　16
版　　次　2016年01月第1版
印　　次　2019年4月第3次印刷

标准书号　ISBN 978-7-5537-4927-3
定　　价　39.80元

养生喝汤美味健康

现代人生活节奏快、工作压力大、饮食不规律，导致身体容易出现各种不适，如何在发展事业的同时保持一个健康的体质也就被提上了议事日程。随着自我保健观念的日益提升，饮食养生越来越受到人们的青睐。孙思邈在《备急千金要方》中就曾言：“食能排邪而安脏腑，悦情爽志以资气血。”而在具体的饮食养生中，尤以喝汤养生最为大众所喜爱，因为养生汤在让人享受美食的同时补充了身体需要的各种营养素，从而达到养生的目的，正所谓“吃饭先喝汤，不用请药方”。现如今，各种功效的养生汤，已成了餐桌上一道永恒的风景，人们“宁可食无肉，不可食无汤”。

汤在我国是一种比较传统的菜品，可谓历史悠久、种类繁多。例如，广东由于地处炎热而潮湿的气候之中，出汗是当地人的一种生理反应，为了适应这种生活环境，广东人都喜欢在进餐时喝汤。广东老火靓汤即是在主要汤料下锅煮沸后再煲数小时的汤，具有生津止渴、祛湿下火、滋补强身的功效。小火炖汤以其最大限度地保留原汁原味、清而不浊的特点，得到食客们的一致推崇。小火炖汤讲究的是小火慢炖，尽可能地让食材中的营养成分不被破坏且完整地释放出来，炖的时间越久，汤的味道就越浓越香。符合中医“阴阳和合、水火相济”养生理论的蒸汤，是以水为热媒，没有油烟熏制，不让食物中原有的营养成分流失，将食物完全与“硬火”隔绝，采用温和的火候慢慢蒸制而成的，既能让人品尝到天然美味，又滋补营养。快速滚汤是适应现代人繁忙的工作和紧张的生活节奏的一个汤种，它是采用一些易熟的食材快速烹制而成的，在兼顾速度的同时，具备了美味与食疗的功效。

本书共分七章，向各位读者朋友介绍了各种养生汤。第一章主要介绍喝汤和煲汤的基础知识；第二章介绍 16 道最受大众欢迎的养生汤；第三章从养生汤的不同功效出发，介绍分别具有养肝明目、滋阴润肺、补肾壮阳、益气补血、活血化淤、提神健脑、养心安神、清热解毒功效的养生汤；第四章按照人的九种体质介绍相应的养生汤；第五章根据对症喝汤的原则，介绍不同症状适合的养生汤；第六章从不同人群方面入手，介绍儿童和青少年、老年群体、女性群体、男性群体、上班一族各自适合的养生汤；第七章则是从四季养生的不同侧重点入手，介绍春、夏、秋、冬四季的养生汤。本书内容丰富，图文并茂，所列食谱均按营养分析、原料、做法、食用宜忌等几个方面做详细介绍，让您一看就懂，一学就会，在享受美食的同时，轻轻松松达到养生的目的。

食谱介绍：内容包括原料、做法、食用宜忌，让您一看就懂，一学就会，想马上去试试。

阅读导航

木瓜红枣凤爪汤

口味 咸鲜　　时间 25分钟
技法 煲　　功效 补血养颜，丰胸通乳

凤爪中含有丰富的骨胶原、黏液质，脂肪含量不高，养颜不肥腻，搭配有通乳、养颜功效的木瓜、红枣效果更好。

原料
凤爪300克，木瓜200克，红枣5克，盐、白醋各适量

做法
1. 凤爪剁块，加入清水和白醋浸泡约15分钟；木瓜去皮，切块；红枣洗净。
2. 凤爪、木瓜、红枣同放电饭煲，加水调至煲汤档煮汤；煮至自动跳档后开盖，加适量盐调味即可。

食用宜忌
此汤适合女性食用；煮凤爪时水不能太少，在焖煮时不能用大火猛煮，不能用手勺或其他灶具搅动。

酸萝卜木耳鸭汤

口味 酸咸　　时间 25分钟
技法 煲　　功效 保肝护肾，清涤肠胃

鸭肉可滋补五脏、补血行水、养胃生津、清除虚热，搭配具有开胃功效的酸萝卜，能健脾化湿、增进食欲。

原料
酸萝卜300克，鸭肉500克，黑木耳、香菇各50克，姜2克，盐、糖各适量

做法
1. 鸭肉剁成块；姜切片；酸萝卜切块；黑木耳泡发，撕成小块；香菇泡发，洗净，切块。
2. 炒锅倒水加热，下入鸭肉汆水，捞出沥干。
3. 将所有食材和姜一同放入电饭煲中，加水调至煲汤档，煮至跳档，加盐和糖调味即可。

食用宜忌
此汤适合女性食用；若觉得酸萝卜泡久太咸影响汤的最终味道，可用沸水将萝卜煮一次再放入鸭汤内。

204 美味养生汤一本就够了

食谱小档案：列出了食谱的口味、制作时间、烹饪技法和功效，让您对本食谱更加了解。

标头文字：介绍了本单元的特点和养生注意事项，让您更加清楚自己的身体状况。

男性群体 男性患有心脑血管疾病的危险很高，其饮食应注意多补充各种维生素、膳食纤维、钙等，适量摄入富含维生素 A 和蛋白质的食品。

胡萝卜猪腰汤

口味 咸鲜　时间 20 分钟
技法 煲　功效 保肝护肾，补腰理气

猪腰有补肾益精、利水的功效，主治肾虚腰痛、遗精盗汗、身面水肿等症。

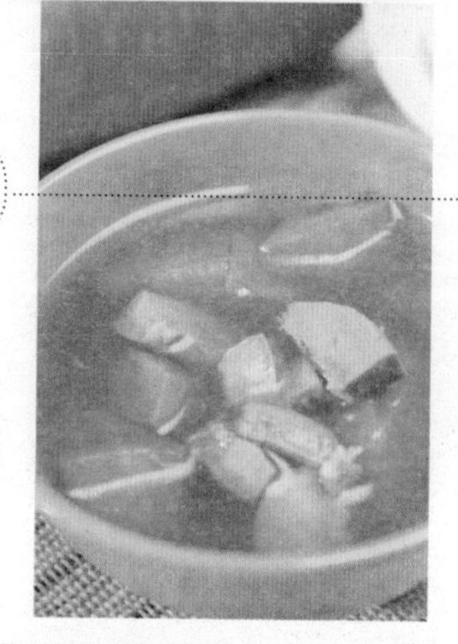

原料

猪腰、胡萝卜各 300 克，盐、鸡精各适量

做法

1. 猪腰洗净，切块，腌至入味；胡萝卜去皮，切块。
2. 炒锅倒水烧热，放猪腰和胡萝卜过水，捞出沥干。
3. 将猪腰和胡萝卜一同放入电饭煲中，加适量水调至煲汤档，煮好后加盐和鸡精调味即可。

食用宜忌

此汤适合男性食用；猪腰切片后用葱姜汁泡约 2 小时，换两次清水，泡至腰片发白膨胀即可。

营养分析：简明扼要地介绍了食材及其互相搭配的功效，让您对本菜谱的功效一目了然。

胡萝卜牛肉汤

口味 咸鲜　时间 20 分钟
技法 煲　功效 增强免疫力，防止肥胖

牛肉富含蛋白质，能补虚强身、养脾胃、强筋骨，胡萝卜可补肝明目、壮阳补肾，二者煲汤非常适合男性食用。

原料

牛肉 500 克，胡萝卜 200 克，姜片 3 克，盐、鸡精各适量

做法

1. 牛肉切片腌渍；胡萝卜去皮切块，焯水。
2. 将胡萝卜和牛肉、姜一同放入电饭煲中，加水调至煲汤档，煮好后加盐和鸡精调味即可。

食用宜忌

此汤适合男性食用；牛肉一定要选新鲜的，这样做的汤味道才会鲜美。

205

高清美图：全书共收录大约 600 幅美食图片，看得心动不如快快行动。

目录

目录

目录

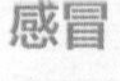

感冒

贫血

便秘

目录

第六章 不同人群喝不同的汤

目录

秋季养阴防燥汤

冬季温阳固肾汤

附录

煲汤须知之食物的四性

中国的传统养生讲究药食同源，就是说许多食物即药物，它们之间并无绝对的分界线。历代医家将中药的“四性五味”理论运用到食物之中，认为每种食物同样也具有“四性五味”。只有掌握这些，才能煲出健康的汤。

食物的四性，又称为四气，即寒、热、温、凉。食物除“四性”外，尚有性质平和的“平性”食物。

寒性和凉性食物

所谓寒性和凉性食物即是适用于热性体质和病症的食物，例如适用于口渴、烦躁、发热、尿赤等症状的西瓜，适用于口干、口疮等症状的柿霜糖，适用于咳嗽、胸痛、吐黄痰等症状的梨。寒和凉的食物能起到清热、泻火、解毒的作用，如在炎热的夏季选用绿豆汤、西瓜汤、苦瓜茶等，可清热解暑、生津止渴。

热性和温性食物

热性和温性食物，即是与寒性和凉性食物相反的、适应寒性体质和病症的食物，例如适用于风寒感冒、发热、恶寒、头痛等症状的生姜、葱白，适用于肢冷、畏寒、风湿性关节痛等症状的辣椒、酒，适用于腹痛、呕吐等症状的干姜、红茶。热性和温性食物能起到温中除寒的作用，如严冬季节选用姜、葱、蒜之类食物，以及狗肉、羊肉等，能除寒助阳、健脾和胃。

平性食物

平性食物是相对于寒性和凉性食物以及温性和热性食物而言的一类食物，其寒热性质不明显，比较平和，适用于一般体质，且寒证和热证都可选用，如谷类的米、麦及豆类等。

煲汤须知之食物的五味

与食物的四性一样，掌握食物的五味对于煲出健康营养的汤也至关重要。食物的五味即辛、甘、酸、苦、咸。食物的性味不同，对人体的作用也有明显的区别。

甘味食物

甘味食物可起到补养身体、缓和痉挛、调和性味的作用。如白糖可助脾、润肺、生津；红糖可活血化淤；冰糖可化痰止咳；蜂蜜可和脾养胃、清热解毒；红枣可补脾益阴等。

辛味食物

辛味食物可起到祛风散寒、舒筋活血、行气止痛的作用。如生姜可发汗解表、健胃进食；胡椒可暖肠胃、除寒湿；韭菜可行淤散滞、温中利气；大葱可发表散寒等。

酸味食物

酸味食物可收敛固涩、增进食欲、健脾开胃。如米醋可消积解毒；乌梅可生津止渴、敛肺止咳；山楂可健胃消食；木瓜可平肝和胃等。

苦味食物

苦味食物可燥湿、清热、泻实。如苦瓜可清热、解毒明目；杏仁可止咳平喘、润肠通便；枇杷叶可清肺和胃、降气解暑；茶叶可强心、利尿、清神志。

咸味食物

咸味食物可软坚散结、滋润潜降。如食盐可清热解毒、涌吐、凉血；海参可补肾益精、养血润燥；海带可软坚化痰、利水泻热；海蜇可清热润肠。

传统医药理论认为，辛入肺、甘入脾、酸入肝、苦入心、咸入肾，肝病忌辛味、肺病忌苦味、心肾病忌咸味、脾胃病忌甘酸味。因此，我们只有全面认识“五味”，才能使煲出的汤配比更合理、更科学，才能取得药食兼备的功效。

每种食物都有不同的“性味”，应把“性”和“味”结合起来，才能准确分析食物的功效。如有的食物同为温性，但有辛温、甘温、苦温之分，例如姜、葱、蒜。因此，不能将食物的性与味孤立起来，否则食之不当。如莲子味甘微苦，有健脾、养心、安神作用；苦瓜性寒、味苦，可清心火，是热性病患者的理想食物。

五味	功效	对应器官	代表食物	饮食宜忌
辛	补血活血，促进代谢	肺	生姜，葱，辣椒	多食伤津液
甘	健脾生肌，强壮身体	脾	玉米，红薯，枣	糖尿病患者少食
酸	生津养阴，滋润皮肤	肝	食醋，山楂，青梅	多食伤筋骨
苦	清热解毒，养心除烦	心	苦瓜，杏仁，芥蓝	胃病患者少食
咸	通便清肠，补肾养血	肾	海带，紫菜，海参	多食导致血压升高

怎样煲汤更营养

煲汤最好选用低脂肪的食材

喝汤也要防止长胖，应尽量少用高脂肪、高热量的食材做汤料，最好选择低脂肪的食材做汤料。即使用低脂肪的食材做汤料，也最好在煲汤的过程中将多余的油脂撇出来。猪瘦肉、鲜鱼、虾米、兔肉、冬瓜、丝瓜、萝卜、魔芋、番茄、紫菜、海带、绿豆芽等，都是很好的低脂肪汤料，不妨多选用一些。

食材新鲜，汤味更好

食材新鲜并不是传统的“肉吃现杀，鱼吃跳”的时鲜。这里所说的新鲜，是指鱼、畜、禽杀死后 3~5 小时，此时鱼、畜、禽肉的各种酶使蛋白质、脂肪等分解为人体易吸收的氨基酸、脂肪酸，用这样的食材来煲汤，味道最好。

食材搭配要适宜

许多食物之间已有固定的搭配模式，合理搭配可使营养素起到互补作用，即餐桌上的“黄金搭配”。例如，海带炖肉，酸性食品肉与碱性食品海带起组合效应，是“长寿食品”。除此以外，还有山药与鸭肉、白萝卜与豆腐、猪肚与豆芽等，都是餐桌上的“黄金搭配”。

为了使汤的口味比较纯正，一般不用很多品种的动物食品同煲汤。

煲汤配水要合理

水既是鲜香食品的溶剂，又是传热的介质。水温的变化、用量的多少，对汤的风味有着直接的影响。煲汤用水量一般是主要食材重量的 3 倍。煲时，应使食品与冷水共同受热，以使食品中的营养物质缓慢地溢出来，不宜中途加冷水。

煲肉汤宜用冷水

煲肉汤最好冷水下料，因为如果一开始就往锅里倒热水或者开水，肉的表面突然受到高温，外层蛋白质就会马上凝固，不能充分地溶解到汤里。

煲猪肉汤时，应一次加足冷水，并慢慢地加温。这样，蛋白质才能够充分地溶解到汤里，汤的味道就会更鲜美。

煲肉汤不要过早放盐

煲肉汤不要过早放盐，因为盐会使肉里的水分很快地浸出来，也会加快蛋白质的凝固，从而影响汤的鲜味。

如果汤需要加酱油，酱油也不宜早加。其他的作料，像葱、姜和料酒等，也不要放得太多，否则会影响汤本身的鲜味。

凉性瓜果煲汤最好不去皮

凉性瓜果的皮有减轻其寒凉性质的功效，所以在用冬瓜、丝瓜、黄瓜等较寒凉的瓜果煲汤时，最好不要去皮，这样煲出来的汤水味道更鲜甜。

汤中加蔬菜的窍门

一般来说，60~80℃的温度易破坏部分维生素，而煲汤时食物温度长时间维持在85~100℃。因此，若在汤中加蔬菜，应随放随吃，以减少维生素C的破坏程度。

鱼汤鲜美有窍门

可将鲜鱼去鳞、除内脏，清洗干净，放到开水中烫三四分钟捞出来，然后放进烧开的汤里，加适量的葱、姜、盐，改用小火慢煮，待出鲜味时离火，滴上少许香油即可。

也可将洗净的鲜鱼放进热油中煎至两面微黄，然后冲入开水，并加葱、姜，先用大火烧开，再改小火煮熟即可。

还可将清洗净的鲜鱼控去水分。锅中放油，用葱段、姜片炝锅并煸炒一下，待葱变黄出香味时，冲入开水，大火煮沸后放入鱼，用大火烧开后改小火煮熟即可。

用肉禽煲汤应“飞水”

用肉禽类食材煲汤时，一定要“飞水”。用鸡、鸭、排骨等肉禽类食材煲汤时，应先将肉放入开水中稍煮一下，然后捞出洗净，这个过程就叫作“飞水”或“焯水”。“飞水”不仅可以除去血水，还可去除一部分脂肪，避免汤过于油腻。

煲汤火候要适当

一般说的煲汤，多指长时间地熬煮，此时火候就是它成功的唯一要诀。煲的诀窍在于大火煲开，小火煲透。大火是以汤中央起“菊花心——像一朵盛开的大菊花”为准，每小时消耗水量约为20%。煲老火汤，主要是以大火煲开、小火煲透的方式来烹调。小火是以汤中央呈“菊花心——像一朵半开的菊花”为准，耗水量约为每小时10%，如此煲制，便不会出错。

煲汤时间要恰当

饮食行业常说的“煲三炖四”是指煲汤一般需要3小时，炖汤需要4~6小时。但是有更多的人相信“煲汤时间越长越好”，而且一煲就是一整天，这些人认为，这样食物的营养才能充分地溶解到汤里。根据字典的解释，“煲”就是用小火煮食物，慢慢地熬。研究证明，煲汤时间适度加长确实有助于营养物质的释放和吸收，但过长就会对营养成分造成一定的破坏。

一般来说，煲汤的食材以肉类等含蛋白质较高的食物为主，蛋白质的主要成分为氨基酸。如果加热时间过长，氨基酸遭到破坏，营养反而降低，同时还会使菜肴失去应有的鲜味。另外，食物中的维生素如果加热时间过长，也会有不同程度的损失，尤其是维生素C，遇热极易被破坏，煮20分钟后几乎所剩无几。所以，汤煲得过久，虽然看上去汤很浓，其实随着汤中水分蒸发，也带走了很多营养的精华。

对于一般肉类来说，煲1~1.5小时就可以了，但鱼肉比较细嫩，煲汤时间不宜过长，只要汤烧到发白就可以了，再继续炖不但营养会被破坏，鱼肉也会变老、变粗，导致口感不佳。还有些人喜欢在汤里放人参等滋补药材，由于参类含有人参皂苷，煮得过久就会分解，失去补益价值，所以在这种情况下，煲汤的最佳时间是40分钟。

煲汤最好用瓦罐

煲鲜汤用陈年瓦罐最好。瓦罐是由不易传热的石英、长石、黏土等原料配合成陶土，经高温烧制而成，其通气性、吸附性都较好，还具有传热均匀、散热缓慢等特点。煨制鲜汤时，瓦罐能均衡而持久地把外界的热能传递给内部原料，相对平衡的环境温度，有利于水分子与食物的相互渗透，这种相互渗透的时间维持得越长，鲜香成分溶出得越多，汤的滋味就越鲜醇，原料也就越酥烂。

煲药膳汤要配对药材

具有食疗功效的药膳汤是以中医和中药的理论为指导，既要考虑到药物的性味、功效，也要考虑到食物的性味和功效，二者必须相一致、相协调，不可性味、功效相反，否则，非但起不到保健身体、治疗疾病的作用，还可能引起不同程度的副作用。如辛热的附子不宜配甘凉的鸭子，宜与甘温的食物配伍，附片羊肉汤就是很好的搭配；清热泻火的生石膏不宜与温热的狗肉配伍，宜与甘凉的食物配伍，豆腐石膏汤即是很好的搭配。

平衡膳食才能有健康

什么是平衡膳食？平衡膳食是指人们每天必须进食多种食物，这些食物分成五大类，每一类要达到一定的数量，才能满足人体所需的各种营养，达到营养均衡、促进健康的目的。各种食物所含营养成分不同，只有搭配吃，才能保证各种营养素来源充足。

每一个人怎么根据自己的情况确定自己的食物需要量呢？中国营养学会制定了《中国膳食指南》和《平衡膳食宝塔》，对如何合理搭配膳食提出了建议，直观地告诉人们每天应吃食物的种类及相应的数量。平衡膳食宝塔共分五层，包含我们每天应吃的主要食物种类。宝塔各层位置和面积不同，这在一定程度上反映出各类食物在膳食中的地位和应占的比重。

第一层（底层）： 谷类。包括米、面、杂粮。主要提供碳水化合物、蛋白质、膳食纤维及 B 族维生素。它们是膳食中能量的主要来源。

第二层： 蔬菜和水果。主要提供膳食纤维、矿物质、维生素和胡萝卜素。蔬菜和水果各有特点，不能完全相互替代，不可只吃水果不吃蔬菜。一般来说，红、绿、黄色较深的蔬菜和深黄色水果含营养素比较丰富，所以应多选用深色蔬菜和水果。

第三层： 动物性食物（包括鱼、虾、肉、蛋类）。主要提供优质蛋白质、脂肪、矿物质、维生素 A 和 B 族维生素。它们彼此间的营养素含量有所区别。鱼、虾及其他水产品脂肪含量较低，有条件可多吃些，肉类含脂肪较多，蛋类含胆固醇较高，均不应多吃。

第四层： 奶类和豆类食物。奶类主要包括鲜牛奶、奶粉等，除含丰富的优质蛋白质和维生素外，含钙量较高，且利用率也高，是天然钙质的极好来源。豆类含丰富的优质蛋白质、不饱和脂肪酸、钙及维生素 B_1、维生素 B_2 等。

第五层（塔尖）： 油脂类。包括植物油、动物油等。主要提供能量。植物油还可提供维生素 E 和人体必需脂肪酸。

平衡膳食宝塔建议的各类食物摄入量是一个平均值和比例，每日膳食中应当包括宝塔中的各类食物，各类食物的比例也应基本同膳食宝塔一致。日常生活中没有必要样样照着宝塔推荐量吃，例如不必每天吃 50 克鱼，可以每周吃 2~3 次，重要的是一定要遵循宝塔各层各类食物的大体比例，同类互换，调配丰富多彩的膳食，合理分配三餐食量，养成习惯，长期坚持。

宝塔建议的每人每日各类食物适宜摄入量范围适用于一般健康成人，应用时要根据个人的年龄、性别、身高、体重、劳动强度、季节等情况适当调整。年轻人、劳动强度大的人需要能量高，应适当多吃主食，老年人、活动少的人需要能量少，可少吃些主食。

教你制作各种汤

汤的种类繁多，制法也各有千秋。简单的一碗汤，衍生出上百种花样，冷、热、酸、甜、苦、辣、咸，个中滋味如人生百味，于简单中显深刻。下面主要针对素汤、清汤、上汤和家用老汤的烹制手法进行讲述。

烹制素汤的方法

素汤的制作不用荤料，纯用净素原料，因而最忌鲜味不够、口感寡淡。素汤的制作也极为讲究，有浓汤与清汤之分。制素汤的原料主要有黄豆芽、香菇、蘑菇、鲜笋等。黄豆芽、香菇一般用以制浓汤，笋和蘑菇一般用以制清汤。

浓汤的制作是用油爆炒食材后，加水用大火焖；清汤的做法是将食材放入锅内，加水用大火烧开，然后改用小火慢炖。

制清汤的要诀

所谓清汤，就是要求出锅后汤味清醇、汤汁清澈见底。

要达到清汤的这个标准，必须把握三个要诀：

一是火候，制汤开始时火要旺，待水沸后转为中火。

二是不能放酱油。

三是原料要冷水下锅。因为动物原料一般都含有余血，若用热水下锅，就会使原料表皮很快收缩，内部的余血不能很快散发出来，影响汤的清度。

熬制上汤的方法

上汤又叫顶汤或高级清汤。它是以一般清汤为基汁，进一步提炼精制而成。

熬制上汤先用纱布将已制成的一般清汤

过滤，除去渣状物，再将鸡腿肉去皮，剁成蓉状，加葱、姜、黄酒及适量的清水泡一泡，浸出血水，投入已过滤好的清汤中，上大火加热，同时用手勺不断搅转（应按一个方向转）。待汤将沸时，立即改用小火（不能使汤翻滚），使汤中的悬浮物吸附在鸡蓉上，并用手勺将鸡蓉除净，这就成了极为澄清的鲜汤，这一过程叫作“吊汤”。

也可将鸡蓉捞起后压成饼状，再放于汤面上漂浮一段时间，使其中的蛋白质充分溶解于汤中，然后再除去鸡蓉，用这种方法吊一次叫作“单吊汤”。若需要高级的清汤，还可以鸡脯为原料，按上述方法再吊一次则成为“双吊汤”，其味绝顶。

家用老汤的制作与保存

所谓老汤，是指使用多年的卤煮禽、肉的汤汁，时间越长，内含营养成分、芳香物质越丰富，煮制出的肉食风味越美。

任何老汤都是日积月累所得，而且都是从第一锅汤来的，家庭制老汤也不例外。

第一锅汤，也就是炖煮鸡、排骨或猪肉而成的汤汁，除熬汤的主料外，还应该加上花椒、大料、胡椒、肉桂、砂仁、豆、丁香、陈皮、草果、小茴香、山奈、白蓝、桂皮、鲜姜、盐、白糖等调料。最好不要加葱、蒜、酱油、红糖等调料，否则不利于汤汁的保存。

调料的数量依主料的多少而定，与一般炖肉类食材一样，不易拣出的调料要用纱布包好。

将主料切小、洗净，放入锅内，加上调料，添上清水（略多于正常量），煮熟主料后，将肉食捞出食用，拣出调料，捞净杂质所得的汤汁即为“老汤”之“始祖”。将汤盛于搪瓷缸内，晾凉后放在电冰箱内保存。

第二次炖鸡、肉或排骨时，取出汤汁倒在锅中，放主料加上述调料（用量减半），再添适量清水（水量依老汤的多少而定，但总量要略多于正常量）。待炖熟主料后，依上述方法留取汤汁即可。如此反复，就可得到“老汤”了。

如较长时间不用老汤，放在冷冻室内可保存 3 周，否则应煮沸杀菌后再继续保存。

第一章

养生汤
喝出来的健康

著名的法国烹调专家路易斯·古斯在《汤谱》中讲道："汤是餐桌上的第一佳肴，汤的气味能使人恢复信心，汤的热气能使人感到宽慰。"除此之外，汤还具有良好的保健功能。但是，如何煲出健康营养的汤却不是一件简单的事情，即便是喝汤这个看似人人都会的事情，也大有讲究。

你会喝汤吗

饭前喝汤好处多

饭前饮少量汤，好似运动前做预备活动一样，可使整个消化器官活动起来，使消化腺分泌足量消化液，为进食作好准备。

饭后最好不喝汤

饭后喝汤是一种有损健康的习惯。因为最后喝下的汤会把原来已被消化液混合得很好的食物稀释，势必影响食物的消化吸收。

喝汤速度越慢越不容易胖

营养学家指出，如果延长吃饭的时间，就能充分享受食物的美味，并提前产生已经吃饱的感觉，喝汤也是如此。慢速喝汤会给食物的消化吸收留出充足的时间，感觉到饱了时，就是吃得恰到好处时；而快速喝汤，等你意识到饱了，可能摄入的食物已经超过了所需要的量，自然很容易长胖。

不可喝隔日汤

为避免浪费，许多人都会将剩余的汤留待第二日加热再喝。汤煲好后放的时间超过一天，维生素便会流失，余下的只是脂肪和胆固醇等，若再经加热，汤内的分子便会变质，长期饮用这类汤会影响健康，所以汤即煲即饮最佳。

用鸡汤进补小窍门

鸡汤中含有一定的脂肪，患有高脂血症的患者多喝鸡汤会促使胆固醇进一步升高，可引起动脉硬化、冠状动脉硬化等疾病。高血压患者如经常喝鸡汤，除会引起动脉硬化外，还会使血压持续升高，很难降下来。

肾脏功能较差的患者也不宜多喝鸡汤，鸡汤会增加肾脏负担。

患消化道溃疡的老年人也不宜多喝鸡汤，鸡汤有较明显的刺激胃酸分泌的作用，对患有胃溃疡的人来说，会加重病情。

专家提醒老年人喝鸡汤时，一次最好不要超过 200 毫升，一周不要超过两次。

喝汤吃渣最营养

用鱼、鸡、牛肉等高蛋白质食材煮 6 小时后，看上去汤已很浓，但蛋白质的溶出率只有 6% ~15%，还有 85%以上的蛋白质仍留在“渣”中。经过长时间烧煮的汤，其“渣”吃起来口感虽不是很好，但其中的肽类、氨基酸更利于人体的消化吸收。因此，除了吃流质的人以外，应将汤与“渣”一起吃下去。

巧用五叶神龙骨汤舒畅喉咙

五叶神（鲜品）为草药，有利咽、止咳、平喘之用，与龙骨、鸡爪同煲汤，对因秋季干燥、吸烟过多引起的咳嗽有非常好的缓解作用。

巧用鸭蛋葱花汤止咳

鸭蛋葱花汤有滋阴清热、止咳化痰等功效。将鲜鸭蛋1~2个去壳，青葱4~5根切碎，加适量水同煮，加糖调味，吃蛋喝汤，每日一次。

喝猪蹄汤的窍门

猪蹄汤中丰富的胶原蛋白不能完全被身体吸收，会给胃肠等消化系统带来麻烦，所以喝猪蹄汤时要与青菜、莲藕一起吃。

夏天巧用红豆汤治水肿

夏天人体易水肿，喝红豆汤不失为一种好的消肿食疗方法。水肿患者小便少，如在初期时就用红豆汤作为饮料，次日肿势就可减退；连服六七天，可完全消散。

红豆的含热量低，且富含维生素E及钾、镁、磷、锌、硒等活性成分，是典型的高钾食物，有降血糖、降血压、降血脂作用。

巧用木棉花老母鸡汤除秋燥

木棉花（干品）是广东凉茶“五花茶”中的“五花”之一，具有利湿、解毒的功效。将适量木棉花与老母鸡、猪脊骨、猪瘦肉同炖3小时，浓郁醇厚的味道让人垂涎欲滴，加上老母鸡的温热功效与木棉花的清热功效充分互补，最适合秋凉仍带暑热的时节喝。

这样搭配更健康

搭配	功效	搭配	功效
白萝卜+羊肉	滋阴润燥、补中益气	芦笋+虾仁	补肾清火、通乳抗毒
白菜+豆腐	滋阴润燥、清热去火	山药+鸭肉	滋阴补肾、清热止咳
银耳+莲子	清心明目、除烦止渴	枇杷+枸杞	润肺明目、滋阴润燥
柚子+蜂蜜	滋阴润肺、止咳化痰	猕猴桃+草莓	清热除烦 、降压降脂
百合+芹菜	清心除烦、滋阴润肺	马蹄+红枣	调理脾胃、清热生津

煲汤宜忌

马蹄宜与香菇或黑木耳做汤

马蹄性寒味甘，具有清热、化痰、消积等功效；香菇能补气益胃、滋补强身，具有降血压、降血脂的功效。二者搭配同食，具有调理脾胃、清热生津的作用。常食能补气强身、益胃助食，有助于治疗脾胃虚弱、食欲不振，或久病脾虚、湿热等病症。

黑木耳能补中益气、降压、抗癌，配以清热生津、化痰消积的马蹄同烹调，具有清热化痰、滋阴生津的功效。

豆腐宜与海带做汤

豆腐及其他大豆制品营养丰富、价格便宜，是补充优质蛋白质、卵磷脂、亚油酸、维生素 B_1、维生素 E、钙、铁的良好食物。豆腐中还含有多种皂角苷，能阻止过氧化脂质的产生，抑制脂肪吸收，促进脂肪分解。但皂角苷可促进碘的排泄，容易引起碘缺乏，所以经常吃豆腐者应该适当增加碘的摄入。海带含碘丰富，将豆腐和海带一起吃，是十分营养的吃法。

鸭血宜搭配豆腐、菠菜做汤

菠菜是重要的预防便秘的食品，水焯后加芝麻油凉拌食用，便有较好的排毒作用。但是对一些肠胃虚弱、身体瘦弱的人来说，单吃菠菜并不能获得良好的效果。鸭血是铁含量最为丰富的食物，且蛋白质含量高，具有与污染物质结合的强大能力，与菠菜搭配同食，可增强排毒效果。

豆腐富含钙和蛋白质，也具有清火作用。三者配合，既能提供充足的营养物质，又可加强排毒作用，还有良好的风味、色泽、口感，堪称排毒养生经典食品。

羊肉宜与生姜做汤

羊肉可补气血和温肾阳，生姜有止痛、祛风湿等功效。羊肉与生姜同食，生姜既能去羊肉腥膻味，又能增加羊肉温阳祛寒的功效，是冬季补虚佳品，可治腰背冷痛、四肢风湿疼痛等症。

番茄宜与土豆做汤

番茄中含有丰富的具有抗氧化作用的番茄红素。土豆中含有大量的钾。夏天出汗多，大量钾离子随汗液流失，人体易出现倦怠无力、头昏、食欲不振等症状。喝番茄土豆汤能有效补钾，改善以上症状。

马蹄做汤宜去皮

马蹄甜脆清爽，是很多人最爱的食品。但是马蹄皮中可能含有姜片虫等寄生虫，如果吃下洗得不干净的马蹄皮，就有可能导致疾病，所以用马蹄煲汤时最好去皮。

木耳菜宜与猪蹄或母鸡做汤

木耳菜含有蛋白质、碳水化合物、钙、磷、铁等营养物质，还含有多种维生素，如维生素 B_2、维生素 B_6、维生素 C、胡萝卜素等。

从食物药性来看，木耳菜性寒味甘、酸，具有清热、滑肠、凉血、解毒的功效，配以能滋补阴液、补益气血的猪蹄，具有清热解毒、补脾胃的功效，民间常用此汤来治疗手脚关节风湿疼痛。

木耳菜与温中益气、补髓填精的母鸡搭配，可为人体提供很丰富的营养成分，具有清热解毒、滑肠、补髓填精的功效。

忌萝卜和人参同做汤

人参大补元气、益血生津、宁神益智，对体弱乏力、低血压、贫血、自主神经功能紊乱等症有良好的效果，是补气佳品，能强体壮力，特别适合气虚无力者食用。而萝卜有下气定喘、消积消食之功效。若两者同时服用，一个补气，一个破气，人参的补益作用就会减弱，还有可能伤及肠胃，不利于人体正常排毒。

桂花宜与鸭肉或核桃仁做汤

桂花性温味辛，具有化痰、散淤的功效，是治疗痰淤、咳喘、牙痛、口臭的良药。鸭肉具有滋阴补虚、利尿消肿之功效。两者搭配食用，可滋阴补虚、化痰散淤、利尿消肿。

核桃仁具有壮腰补肾、敛肺定喘、润肠通便的功效。桂花与核桃仁搭配，具有壮腰补肾、敛肺定喘的功效。

熬绿豆汤忌加矾

炎热的夏天，绿豆成为人们解暑的最佳食品。但是，有些家庭在熬绿豆汤时喜欢放些矾。虽然矾溶于水后能起到沉淀杂质的作用，使熬好的绿豆汤清晰透亮，但加矾后产生的问题也不少。

矾的品种很多，主要有钾明矾、烧明矾等，常用的是钾明矾（硫酸铝钾）。钾明矾是一种食品添加剂，有使食品膨松及净化水质的作用。加矾后的绿豆汤，不仅口味会变涩，失去原来清香适口的风味，而且会使绿豆汤中的部分营养物质遭到破坏。

另外，矾在水溶液中加热时能产生二氧化硫和三氧化硫等有害物质，人食用过多，便让这些毒素沉淀在胃里，不但解不了暑，反而会伤了胃。因此，夏季熬绿豆汤时忌加矾。

喝汤的禁忌

不能喝太烫的汤

有的人喜欢喝滚烫的汤，其实人的口腔、食管、胃黏膜最高只能忍受60℃的温度，超过此温度则会造成黏膜烫伤。虽然烫伤后人体有自行修复的功能，但反复损伤极易导致上消化道黏膜恶变。

不能喝“独味汤”

每种食品所含的营养素都是不全面的，即使是鲜味极佳富含氨基酸的浓汤，仍会缺少若干人体不能自行合成的必需氨基酸、多种矿物质和维生素。因此，提倡用几种动物与植物性食品混合煮汤，不但可使鲜味互相叠加，也可使营养更全面。

不能用汤水泡米饭

用汤水泡米饭的习惯非常不好，日久天长，就会使自己的消化功能减退，甚至导致胃病。这是因为人体在消化食物时，需咀嚼较长时间，唾液分泌量也较多，这样有利于润滑和吞咽食物。汤与饭混在一起吃，食物在口腔中没有被嚼烂，就与汤一道进了胃里，这不仅使人“食不知味”，而且舌头上的味觉神经没有得到充分刺激，胃和胰脏产生的消化液不多，并且还被汤冲淡，吃下去的食物便不能很好地被消化吸收，时间长了，便会导致胃病。

火锅涮汤不能喝

火锅汤久沸不止，肉类、海鲜中所含的嘌呤物质多溶于汤中，高浓度嘌呤经肝脏代谢，会产生大量尿酸，易引起痛风、关节痛等病症，所以火锅涮汤千万不能喝。

不能盲目用鸡汤进补

老年人、体弱多病者或处于恢复期的患者，都习惯用老母鸡炖汤喝，甚至认为鸡汤的营养比鸡肉好。其实，鸡汤所含的营养比鸡肉要少 4 倍多。据研究，高胆固醇血症、高血压、肾脏功能较差者，胃酸过多者，胆管疾病患者都不宜多喝鸡汤。如果盲目以鸡汤进补，只会进一步加重病情，对身体有害无益。

糖尿病患者不宜多喝老火汤

传统的老火靓汤含脂肪较多，因为老火汤大都以肉禽类食材为主料，经长时间煲制

而成，食物中的脂肪和糖分被大量煲出，溶解于汤中，若糖尿病患者饮用了高脂、高糖的老火汤，会让身体中的糖分增加，从而影响健康。

体弱者忌多喝绿豆汤

夏季暑热盛行，绿豆汤是我国民间传统的解暑食品。但是，营养学专家提醒人们，绿豆是寒凉伤阳的食物，体质虚弱的人不宜多喝绿豆汤。

从中医的角度看，有寒证的人也忌多喝绿豆汤。因为绿豆具有解毒的功能，所以正在服中药的人也忌多喝。

脾胃虚寒、大便稀烂、肾气不足、腰痛、肢冷者都不宜采用绿豆来排毒。

不宜喝鸡汤的人群

胃病患者不宜喝鸡汤。鸡汤有刺激胃酸分泌的作用，因此患有胃溃疡、胃酸过多或胃出血的患者，一般不宜喝鸡汤。

胆道疾病患者不宜喝鸡汤。胆囊炎和胆石症经常发作者，不宜多喝鸡汤，因为鸡汤中脂肪的消化需要胆汁参与，喝鸡汤后会刺激胆囊收缩，易引起胆囊炎发作。

高血压、高脂血症患者忌喝鸡汤。高血压患者喝鸡汤，除了会引起动脉硬化外，还会使血压持续升高，难以降下。鸡汤中的脂肪被人体吸收后，会促使胆固醇进一步升高。胆固醇过高，会在血管内膜沉积，进而引起冠状动脉硬化等疾病。

肾功能不全者忌喝鸡汤。鸡汤内含有一些小分子蛋白质，患急性肾炎、急慢性肾功能不全或尿毒症的患者，由于肾脏对蛋白质的分解产物不能及时处理，喝多了鸡汤就会引起高氮质血症，加重病情。

喝汤误区提示

四物汤可当成日常补品	四物汤有补血调经，治疗血行不畅等功效，若天天服用，会造成经血过多、呼吸喘促、脸色苍白等。
猪蹄汤有益皮肤可常喝	猪蹄中的胶原蛋白不能被人体完全吸收利用，容易增加胃肠消化系统的负担，因此不宜常喝猪蹄汤。
晚上只喝汤有利减肥	晚餐应适当吃得清淡些，一些肉类煲的汤油性大、热量高，不适合晚上食用，且只喝汤营养跟不上。

汤种不同，功效各异

说到汤，世界各地的美食家都信奉这样的信条：“宁可食无肉，不可食无汤。”人们常喝的汤有荤、素两大类，荤汤有鸡汤、肉汤、骨头汤、鱼汤、蛋花汤等；素汤有海带汤、豆腐汤、紫菜汤、番茄汤、冬瓜汤和米汤等。汤的种类不同，其发挥的功效也各不相同。中医讲究“辨证施治”，因此我们喝汤时也应该根据不同汤种的功效来选择。

骨头汤抗衰老

动物的骨头中含有多种对人体有益，具有滋补和保健功能的物质，具有填骨髓、增血液、延缓衰老、延年益寿的保健功效。骨头汤中的特殊养分以及胶原蛋白可促进微循环，50~59 岁这 10 年是人体微循环由盛到衰的转折期，骨骼老化速度快，多喝骨头汤可收到药物难以达到的效果。骨头汤中的特殊养分——胶原蛋白，可疏通微循环并补充钙质，从而延缓人体的衰老。

鱼汤防哮喘

鱼汤中含有一种特殊的脂肪酸，它具有抗炎作用，可以治疗肺呼吸道炎症，预防哮喘发作，对儿童哮喘病最为有效。鱼汤中的特殊脂肪酸，可防止呼吸道发炎，并防止哮喘的发作，对调治儿童哮喘病更为有益。

鸡汤抗感冒

鸡汤，特别是母鸡汤中的特殊养分，可加快咽喉部及支气管的血液循环，增加黏液分泌，及时清除呼吸道病毒，缓解咳嗽、咽干、喉痛等症状。煲制鸡汤时，里面可以放一些海带、香菇等。

豆汤退风热

服用甘草生姜黑豆汤，对小便涩黄、风热入肾等病症，有一定治疗效果。

菜汤促代谢

各种新鲜蔬菜含有大量碱性成分并易溶于汤中，常喝蔬菜汤可使体内血液呈正常的弱碱性状态，防止血液酸化，并使沉积于细胞中的污染物或毒性物质重新溶解后随尿液排出体外。

海带汤御寒

海带含有大量的碘元素，而碘元素有助于甲状腺素的合成，具有产热效应，可以加快组织细胞的氧化过程，提高人体基础代谢，使皮肤血流加快，能减轻寒冷感。

羊肉汤温补

羊肉味甘性热，具有助阳、补精血、疗肺虚、益劳损的药用功能，是一味良好的滋补壮阳食物，是理想的滋补佳品。羊肉同鱼鳔、黄芪煲汤，可温补阳气、强肾健脾。

狗肉汤壮阳

中医学认为，狗肉味甘性温，御寒能力强，能益气补虚、温中暖下，具有暖胃健脾、驱寒祛湿、补肾壮阳、强身健体等功效，在寒冬季节常吃狗肉、喝狗肉汤对人体大有裨益。

喝汤要有针对性

汤是我国一种传统的菜品，随着人们生活水平的不断提高，越来越多的人开始追求健康饮食，汤也成了人们餐桌上不可缺少的一道菜品。但是，不同人群对汤的营养需求是不一样的，不同的汤对人体产生的作用也是不一样的。因此喝汤的时候一定要有针对性，不同人群喝不同的汤。

小儿适合喝蛋白质含量高的汤

对小儿生长发育最重要的营养物质是蛋白质，小儿蛋白质的需求量比成人相对要高。而米、面中的植物性蛋白质被吸收后的利用率低，所以应由肉类食品提供动物性蛋白质。

因此，鸡、鱼、猪肉煨汤后，父母不仅要给孩子喝汤，还要让他们吃肉。因为汤里含有的蛋白质只是肉中的3%~12%，汤内的脂肪只是肉中的37%，汤中的无机盐含量仅为肉中的25%~60%。总之，肉经过煨煮后，大部分蛋白质、脂肪、无机盐还留在肉中。

产妇适当多喝点肉汤

猪蹄汤、瘦肉汤、鲜鱼汤、鸡汤等肉汤含有丰富的水溶性营养，产妇饮用，不仅利于体力恢复，而且可帮助乳汁分泌，可谓最佳营养品了，但产妇喝肉汤也有学问。如果产后乳汁迟迟不下或下得很少，就应早些喝点肉汤，以促使下乳，反之就迟些喝肉汤，以免过多分泌乳汁造成乳汁淤滞。

肉汤过浓，脂肪含量就太高，乳汁中的脂肪含量也就越多。含有高脂肪的乳汁不易被婴儿吸收，往往会引起新生儿腹泻。因此，产妇喝肉汤不要过浓。

老年人适当多喝点清汤

由于老年人体内水分逐渐下降，若不适量增加饮水，会使血液黏稠度增加，易诱发血栓形成及心脑疾病，还会影响肾脏的排泄功能。因此，老年人每日餐前应多喝一些清淡的汤。

职业女性多喝甜汤

工作繁忙使职业女性经常感到身心疲惫、睡眠不好、皮肤灰暗，要有好气色、好心情，还要靠细心调养。加之秋冬季节，皮肤水分蒸发加快，皮肤会因此变得粗糙，弹性变小，严重的会产生皲裂，常常使一些爱美的女性苦恼不已。专家指出，在注意皮肤日常护理的同时，可以多吃一些用银耳、梨等煲的甜汤。

四季喝汤须知

四季养生不论男女老幼，每日饮食总不离功效各异的汤水。喝汤跟着季节走，可以更加有效地喝出汤的滋补功效。

春季养生　喝汤先行

春季饮食分“三时”，宜选用较清淡、温和且扶助正气、补益元气的食物，同时还应根据不同的体质来调养。

早春时节，寒冬刚过，阳气上升，但天气仍然乍暖还寒。从中医春夏养阳的角度出发，这时要适当少吃寒性食物，多吃些温性食物，以祛阴散寒，使春阳上升。

仲春时节，可适量食用滋补脾胃的食物，少吃多酸或油腻等不易消化的食物。另外，应注意多吃绿色蔬菜，以补充维生素、无机盐和微量元素的不足。仲春正值各种既具营养又有医疗作用的野菜繁殖生长之时，应不失时机地多吃一点。

晚春时节，气温日渐升高，此时应以清淡饮食为主，再适当地进食富含优质蛋白质类食物及维生素类食物。这个季节不宜进食大辛大热之品，以防邪热化火，引发疮疖肿痛等疾病。

夏季喝汤　清凉滋补

夏天进补，以清补、健脾、祛暑、化湿为原则，一般以清淡的滋补食品为主。此外，夏季要遵循按年龄喝汤的原则。

人的身体气血盛衰及脏腑功能会随着年龄增长而发生不同变化，故不同年龄阶段有不同的食养原则。

儿童：生理功能旺盛而脾气不足，且饮食不知自制，故宜食用健脾消食的汤品。

青壮年：精力旺盛，无需多食特别滋补的药膳，多注意饮食均衡，及时补充身体所需营养即可。同时要讲究劳逸结合，作息及饮食都应有规律。

老年人：生理功能减退，气血不足，脏腑渐衰，多表现出脾胃虚弱、肾气不足之状，故宜多食健脾补肾、益气养血之食物。

秋季喝汤　养肺润燥

一般说来，秋季养生可以分初秋、中秋和晚秋三个阶段。

初秋之时，食物宜减辛增酸，以养肝气。古代医学家认为，秋季草木零落，气清风寒，人体容易受疾病的侵扰，所以此时宜进食滋补的食物以生气。

中秋炎热，气候干燥，容易疲乏。此时，首先应多吃新鲜少油的食物。其次，还应多吃含维生素和蛋白质较多的食物。

晚秋季节，心肌梗死发病率明显增高。医学专家指出，秋冬季节之交为心肌梗死的高发病期。高血压患者在秋冬之交血压往往较夏季增高，因此容易造成冠状动脉循环障碍。此时日常饮食中应注意多摄入含蛋白质、镁、钙等营养素丰富的食物，这样既可有效地预防心血管疾病，又可预防脑血管疾病的发生。

冬季喝汤　祛寒进补

冬季是一年中最寒冷的季节，万事万物都处于封藏状态，冬季是一年中最适合饮食调理与食补的时期。

根据中医“虚则补之，寒则温之”的原则，冬季进补应顺其自然，注意养阳，以温补为主，在膳食中应多吃温性、热性特别是温阳补肾的食物进行调理，以提高机体的耐寒能力。

因人们的年龄、性别、职业等差异很大，在选择冬季进补的方案时，应因人而异。冬季喝汤还要注意男女有别。男性冬补重在健脾和胃，女性进补重在抗衰老。

此外，在进补时尤其要注意自身是否符合进补的条件，虚则补，不虚则保持正常饮食就可以了。

四季进补常见汤料

春季	山药、薏米、豆腐、百合、银耳、红枣
夏季	绿豆、金银花、西洋参、橄榄、枇杷、凉瓜、鸭肉
秋季	菊花、莲子、莲藕、黄鳝、蛇肉、板栗、核桃、花生
冬季	牛肉、羊肉、狗肉、桂圆、红枣

第二章

16道 大众最喜爱的养生汤

汤的种类繁多，每个人的口味也各有不同，有人爱喝清淡素汤，有人爱喝营养荤汤。还有人爱喝祛病强身的药膳汤。哪些汤才是大众最喜爱的呢？为此，我们对社会各阶层人士进行了问卷调查，从4000份问卷中统计出了这16道最受大众欢迎的营养汤。这些汤都食材简单、操作方便、营养丰富，是你做汤时的首选。

番茄鸡蛋汤

口味 酸咸　　时间 10 分钟
技法 煮　　功效 清热解毒，开胃生津

番茄含有胡萝卜素、钙、磷、铁和多种维生素。不仅如此，番茄对高血压、夜盲症等还有一定的防治作用。

原料
番茄 2 个，鸡蛋 2 个，姜片、盐各适量

做法
1. 番茄洗净切块；鸡蛋打散。
2. 锅内加水，放入姜片一起煮。
3. 水烧开后加番茄，待水再开时转小火，把鸡蛋倒入，待翻出蛋花时加少许盐调味即可。

食用宜忌
此汤一般人都适宜食用，且特别适合在夏季食用；血压低和患有肝炎之人应少食。

海带排骨汤

口味 清淡　　时间 2 小时
技法 炖　　功效 清热化痰，滋阴养胃

排骨味道鲜美，除了含有蛋白质、脂肪、维生素外，还含有大量磷酸钙、骨胶原、骨黏蛋白等，可为幼儿和老年人提供钙质。

原料
排骨 180 克，海带结 150 克，味精 0.5 克，鸡精 0.5 克，盐 1 克

做法
1. 将排骨斩成小块，焯水，洗净；海带结泡发。
2. 将海带和排骨放入炖盅内，隔水炖 2 小时。
3. 放入味精、鸡精、盐调味即可。

食用宜忌
此汤一般人皆可食用；做汤用的海带一定要反复清洗，直至干净，否则汤内会有沙粒。

莲藕龙骨汤

口味 咸鲜　　时间 1小时

技法 炖　　功效 补虚润燥，益精补血

龙骨中含有大量骨髓，有滋补肾阳等作用。

原料

龙骨200克，莲藕100克，生姜5片，盐3克，味精适量

做法

1. 龙骨洗净，切块，汆烫；莲藕洗净，切滚刀块。
2. 将龙骨、莲藕、生姜片装入炖盅内，加适量开水，上笼用中火蒸1小时，加盐、味精调味即可。

食用宜忌

坐月子期间的产妇尤其适合饮用本汤；注意不要将莲藕放入铁锅中煲。

玉米胡萝卜脊骨汤

口味 咸鲜　　时间 3小时

技法 煲　　功效 健脾开胃，助消化

玉米含有多种营养素，常食可增强人的体力和耐力。

原料

玉米350克，胡萝卜250克，猪脊骨600克，盐5克

做法

1. 玉米连玉米须一同洗净，切成小段；胡萝卜去皮、洗净，切成小块；猪脊骨斩段，洗净，汆水。
2. 将清水2 000毫升放入瓦煲，煮沸后加入以上食材，大火煲沸后改用小火煲3小时，加盐调味即可。

食用宜忌

此汤适合糖尿病患者和食欲不振的高血压患者；肾虚尿频者不宜多饮。

鱼片豆腐汤

口味 清淡　　时间 30分钟

技法 煮　　功效 降脂，降糖

草鱼对心血管疾病患者及食欲不振者很有益处。

原料

草鱼1条，豆腐1块，草菇20克，生姜、盐、胡椒粉各2克，味精3克，葱5克，食用油适量

做法

1. 鱼、豆腐、草菇切片；葱切段；生姜去皮，切片。
2. 油烧至八成热时，下入鱼片过油后，捞出沥油。
3. 所有食材放锅中煮半小时后，调味即可。

食用宜忌

此汤一般人皆可食用；做汤用的豆腐最好在水中稍微焯一下。

清炖甲鱼

口味 咸鲜　　时间 1.5 小时

技法 煲　　功效 滋阴壮阳，软坚散结

甲鱼肉滑嫩不油腻，是上乘的滋补佳品。

原料

甲鱼1只（500克），红枣10颗，枸杞5克，味精4克，盐2克，鸡精3克，姜10克，葱15克

做法

1. 甲鱼宰杀洗净；葱洗净切段；姜洗净，去皮切片。
2. 甲鱼焯水，捞出放入瓦煲中，加姜片、红枣、枸杞，加水煲开；续煲至甲鱼熟烂，调味即可。

食用宜忌

适宜脾胃虚弱、食少便溏者；鳖甲味咸性平，红枣与之相合，药借食力。

食用宜忌

此汤适宜暑天烦渴、胸闷、食欲差、尿少者。

冬瓜老鸭汤

口味 咸鲜　　时间 3 小时

技法 煲　　功效 清热消暑，增进食欲

老鸭营养丰富，性偏凉，可作夏季清补之用。

原料

冬瓜1 000克，薏米、红豆各30克，老鸭1只，盐5克，生姜片2克，食用油适量

做法

1. 冬瓜切块；薏米、红豆泡发；老鸭剖净斩块，飞水。
2. 锅内加油烧热，爆香生姜片，放老鸭爆炒5分钟。
3. 瓦煲加水烧沸放食材，煲滚后改小火煲3小时调味。

黄豆猪蹄汤

口味 清淡　　时间 5 小时

技法 煮　　功效 降脂，降糖

黄豆、猪蹄合用，具有补脾益胃、养血通乳的功效。

原料

猪蹄500克，黄豆300克，盐5克，料酒8毫升，葱10克

做法

1. 黄豆泡发；葱切丝；猪蹄斩块，汆烫，沥干。
2. 黄豆放锅中，加水以大火煮开改小火煮约4小时；加入猪蹄续煮1小时，调入盐、料酒，撒上葱丝即可。

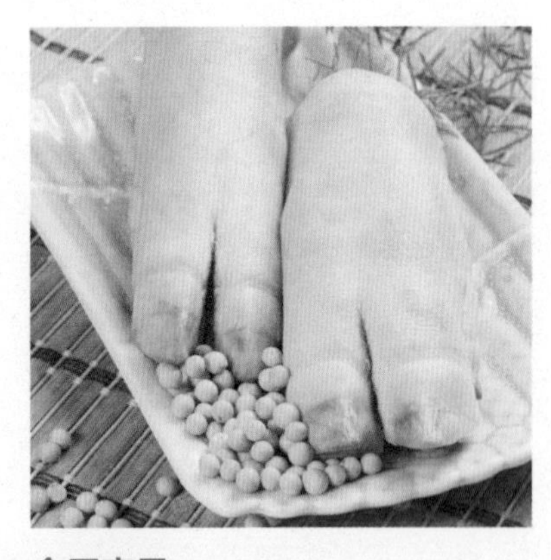

食用宜忌

此汤一般人都适宜食用；黄豆在煲汤前要先用水泡透。

花生凤爪香菇汤

口味 清淡　　时间 1 小时
技法 煲　　功效 美容养颜，丰胸

花生中的蛋白质含量丰富，且富含赖氨酸；花生还含有维生素 B_2、钙、磷、硒、卵磷脂、不饱和脂肪酸等营养素。

原料

凤爪 500 克，花生仁 100 克，香菇 2 朵，生姜 15 克，料酒 15 毫升，盐 5 克，味精 3 克

做法

1. 凤爪去趾甲；花生仁泡水 6 小时；香菇泡发；生姜去皮，切片。
2. 锅中注水烧开，放入料酒，汆烫凤爪，水滚捞出。
3. 炖锅中加适量水，放入花生仁、香菇、生姜片、料酒、凤爪，煮至凤爪软，放入盐、味精即可。

食用宜忌

此汤一般人皆可食用，特别是皮肤粗糙、胸部较平的女性；加料酒汆烫凤爪可去除腥味。

萝卜牛肉汤

口味 清淡　　时间 1 小时
技法 炖　　功效 强筋健骨，滋养脾胃

此汤具有调理脾胃的作用，且牛肉本身营养丰富，加上白萝卜，功效更加显著，适合深秋进补。

原料

牛肉 400 克，白萝卜 200 克，花椒、姜、葱、盐、味精、清汤、食用油各适量

做法

1. 牛肉切块；白萝卜切菱形状；葱切段；姜切片。
2. 锅中加水煮沸后下入牛肉块，汆去血水后捞起沥干水分。
3. 锅中加油烧热后爆香姜片，注入清汤，下入牛肉块炖煮 30 分钟后调入盐、花椒、味精，再加入白萝卜续炖煮 30 分钟，撒上葱段即可。

食用宜忌

此汤尤其适合孕妇食用；煲此汤时最好选用前胛、后腿、筋拐处的牛肉。

香菜豆腐鱼头汤

口味 清淡　　时间 30 分钟
技法 煲　　功效 清热泻火，养阴生津

此汤解表散寒，适宜流感、支气管炎等患者食用。

原料
鱼头 450 克，豆腐 250 克，香菜 30 克，生姜 2 片，盐适量，食用油适量

做法
1. 豆腐用盐水浸泡 1 小时，沥干后切片煎黄；香菜洗净；鱼头剖净，盐腌 2 小时；姜片炝锅，鱼头煎黄。
2. 以上食材加水以大火煮沸，煲 30 分钟，调味即可。

食用宜忌
适宜口渴、便秘、舌质红、舌苔黄者食用；感冒发热者不宜用本汤。

酸辣汤

口味 酸辣　　时间 10 分钟
技法 煮　　功效 清热解毒，开胃消食

酸辣汤有多种功效，是一道营养又美味的养生汤。

原料
嫩豆腐 20 克，鸡蛋 1 个，黑木耳 5 克，金针菇 10 克，生粉、醋、辣椒各少许，白胡椒粉适量，麻油 1 毫升

做法
1. 嫩豆腐切条；黑木耳、金针菇洗净；生粉加水调好。
2. 水烧沸加嫩豆腐、黑木耳、金针菇、辣椒，煮熟加生粉水勾芡，煮至浓稠，加蛋液、调味料搅拌即可。

食用宜忌
此汤一般人都适宜食用；但肠胃不适者不宜多食用此汤。

罗宋汤

口味 酸甜　　时间 30 分钟
技法 煮　　功效 清热解毒，开胃

此汤不仅酸甜可口，还有降低血压、抗衰老的作用。

原料
洋葱、牛肉、番茄、土豆各 100 克，番茄酱 8 克，高汤、盐各适量

做法
1. 洋葱、番茄、牛肉、土豆切丁。
2. 将高汤放锅中，煮沸放牛肉、洋葱、番茄、土豆，煮至食材软烂、汤变稠后，加盐、番茄酱调味即可。

食用宜忌
此汤一般人都适宜食用；注意平时洋葱不可食用过多。

萝卜煲羊腩

口味 鲜香　　时间 1小时
技法 煲　　功效 健脾和胃，补益强身

羊肉补肾益气，与白萝卜同煲效果更好。

原料

白萝卜300克，羊腩500克，姜6克，盐适量

做法

1. 羊腩斩块，煮5分钟，沥干；白萝卜去皮，切块；姜用清水洗净，刮去姜皮，切片。
2. 煲内加水，猛火煲至水滚，放姜片、白萝卜、羊腩，水沸，续煲至羊腩熟，加少许盐调味即可。

食用宜忌

此汤适合身体虚不受补之人日常补身之用；脾胃虚寒的人不宜食用。

苦瓜海带瘦肉汤

口味 鲜美　　时间 30分钟
技法 煲　　功效 降血压，清热泻火

苦瓜益咽喉，可缓解糖尿病患者口干的症状。

原料

苦瓜500克，海带100克，猪瘦肉250克，盐、味精各适量

做法

1. 苦瓜去瓤，切块；海带泡发洗净，切丝；猪瘦肉切块。
2. 所有食材放进砂锅，加适量清水，煲至猪瘦肉烂熟，加盐、味精调味即可。

食用宜忌

此汤适宜肥胖、动脉硬化、高血压患者食用。

菠菜猪血汤

口味 清淡　　时间 30分钟
技法 煮　　功效 降脂，降糖

菠菜、猪血二者同炖汤，咸鲜清香，营养滋补。

原料

菠菜、猪血各500克，盐、生姜片、葱段、料酒、胡椒粉、猪油各适量

做法

1. 菠菜洗净，切段；猪血切条。
2. 锅内加猪油，煸香葱、姜，倒入猪血煸炒，烹入料酒，煸炒至水干；加水、盐、胡椒粉、菠菜煮沸即可。

食用宜忌

血虚肠燥、贫血及出血等病症患者适用。

第三章

护养身心的养生汤

人体是一个有机的整体，各种脏器之间联系密切，在气血津液循环于全身的情况下，形成一个非常协调和统一的整体。要想身体各器官运行正常，除了养成良好的生活作息习惯外，还离不开健康的饮食。各器官所需要的营养物质不一样，只有在满足其各自所需的前提下，才能达到调养身心的目的。

养肝明目 《黄帝内经》中有言："东方青色，入通于肝，开窍于目，藏精于肝。"由此可知，肝的健康状况可以通过眼睛表现出来。

决明肝苋汤

口味 咸鲜　　时间 1 小时
技法 煮　　功效 养肝明目，祛风清热

决明子具有清肝、明目、利水、通便的功效，可以治疗风热眼赤、高血压、肝炎、习惯性便秘等病。

原料

苋菜 250 克，鸡肝 20 克，决明子 15 克，盐 5 克

做法

1. 苋菜取嫩叶和嫩梗；鸡肝切片，汆烫后捞起。
2. 决明子装棉袋扎紧，放锅中加水熬汁，捞出药袋，加入苋菜，煮沸后下鸡肝，再煮沸一次，调味。

食用宜忌

一般人都可食用；高胆固醇血症、高血压和冠心病患者应少食。

豆腐猪肝肉片汤

口味 咸鲜　　时间 20 分钟
技法 煮　　功效 养肝明目，补中益气

此汤具有补血、护肝、补中益气等功效，常食既可对缺铁性贫血有疗效，还能强身健体。

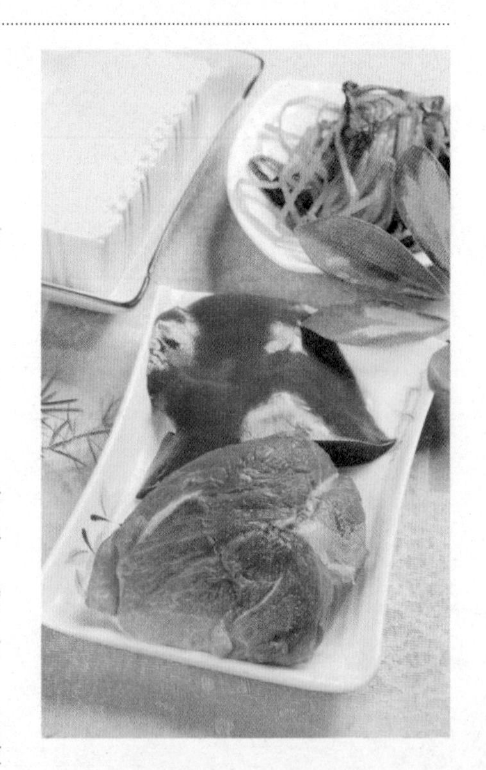

原料

猪肝 150 克，猪瘦肉 100 克，豆腐 1 块，咸酸菜 50 克，生姜 1 片，生粉 3 克，盐适量，食用油适量

做法

1. 豆腐洗净，切粒；猪肝、猪瘦肉洗净切片；将猪瘦肉、猪肝片用生粉、盐腌 10 分钟，放进沸水中焯至将熟捞起。
2. 下少许油爆香生姜，加水煮沸，下咸酸菜、豆腐粒煮 5 分钟，再下猪肝片、猪瘦肉煮熟即可食用。

食用宜忌

此汤特别适合肝虚血弱、眼圈黑暗、神疲乏力、口干咽燥等病症者食用；高胆固醇血症及痛风患者应尽量少吃。

桑叶猪肝汤

口味 咸鲜　　时间 1小时

技法 煲　　功效 疏风清热，养肝明目

桑叶、猪肝煲汤可用于辅助治疗头目疼痛等症。

原料

桑叶20克，猪肝120克，生姜2片，植物油、盐、酱油各适量

做法

1. 桑叶浸泡20分钟；猪肝切片，加盐、酱油腌渍。
2. 桑叶、生姜放瓦煲，加水煮沸，改小火煲30分钟，加入猪肝，煮至猪肝熟，调入盐、油即可。

食用宜忌

适合炎炎夏日护肝养肝用；中老年人少吃为好。

金针猪肝汤

口味 咸鲜　　时间 1小时

技法 煲　　功效 补血健脾，养肝明目

金针菇、猪肝同食，可治疗女性经期各症。

原料

猪肝400克，金针菇100克，酱油8毫升，料酒10毫升，生粉、葱段、生姜片、盐、胡椒粉各适量

做法

1. 猪肝切片加酱油、料酒、生粉腌渍；金针菇洗净。
2. 砂锅注水烧开，放腌好的猪肝、金针菇、姜片煮开。
3. 改小火煲30分钟，加盐和胡椒粉调味，撒上葱段。

食用宜忌

适用于贫血、头昏、目眩、两目干涩者食用。

参芪枸杞猪肝汤

口味 咸鲜　　时间 30分钟

技法 煮　　功效 益血补血，养肝明目

猪肝与各药材煲汤，可辅助治疗虚劳精亏等症。

原料

猪肝300克，党参10克，黄芪15克，枸杞5克，盐5克

做法

1. 猪肝切片；枸杞洗净；党参、黄芪放炖锅煮开。
2. 熬约20分钟后转中火，放入枸杞煮约3分钟，再放猪肝片，待水沸腾，调味即成。

食用宜忌

适宜血压低、气血虚弱、经血量大及经期后延者食用。

牡蛎紫菜汤

口味 咸香　　时间 30 分钟
技法 煮　　功效 滋阴养血，养肝明目

牡蛎肉含有蛋白质、钙、磷、铁及多种维生素和微量元素，紫菜含有碘、胆碱、钾、维生素等，二者结合有很好的养肝明目之效。

原料

牡蛎肉、鲜平菇各 200 克，紫菜（干）500 克，麻油、盐、味精、姜片各少许

做法

1. 牡蛎肉、平菇洗净；紫菜去杂质洗净。
2. 牡蛎肉飞水，捞出洗净。
3. 将牡蛎肉、紫菜及姜片放入煲内，加适量清水，大火烧滚后放入平菇再煮 20 分钟，熟后加麻油、盐、味精调味即可。

食用宜忌

此汤最适合近视眼、视物昏花者食用；脾虚滑精者忌用。

桑叶茅根瘦肉汤

口味 清淡　　时间 50 分钟
技法 煲　　功效 疏散风热，养肝明目

本汤生津解毒、清润利水、清肝明目、通利大小便，可用于治疗风热感冒、急性扁桃体炎等症。

原料

桑叶 15 克，茅根 15 克，泡发黄豆 100 克，猪瘦肉 500 克，生姜 3 片，盐适量

做法

1. 将桑叶、茅根、生姜片分别洗净；黄豆浸泡片刻，再洗净；瘦肉洗净，切块。
2. 锅内烧水，水开后放入瘦肉飞水，再捞出洗净。
3. 将全部食材一起放入煲内，大火烧沸，再用小火煲 40 分钟，调味即可。

食用宜忌

一般人都可以食用；脾胃虚寒、痰多不渴者禁服。

枸杞叶猪肝汤

口味 咸鲜　　时间 1小时
技法 煮　　功效 补血健脾，养肝明目

枸杞叶富含多种营养素，对眼部有疾者很有益。

原料

猪肝200克，枸杞叶10克，黄芪5克，沙参3克，盐适量

做法

1. 猪肝洗净，切薄片；枸杞叶洗净；沙参、黄芪浸透，切段；将沙参、黄芪加水熬成药液。
2. 药液中下入猪肝片、枸杞叶，煮5分钟后调入盐即可。

食用宜忌

此汤适宜视物不明、体虚消瘦者；冠心病、高脂血症患者应忌食猪肝。

食用宜忌

此汤非常适宜视力模糊、两目干涩者食用。

菠菜鸡肝汤

口味 咸鲜　　时间 30分钟
技法 煮　　功效 养肝明目，滋阴润燥

本汤中的鸡肝有补血养肝的功效，菠菜有甘凉养血、滋阴润燥的功效，主要用于治疗肝虚目疾。

原料

鲜菠菜、鸡肝各50克，盐、麻油、味精各适量

做法

1. 菠菜洗净，切段；鸡肝洗净，切片。
2. 锅内加水适量，烧沸后下入鸡肝，并加适量盐、麻油、味精，加入菠菜煮沸即可。

南瓜猪肝汤

口味 咸鲜　　时间 30分钟
技法 煮　　功效 健脾，养肝明目

本汤具有健脾养肝的功效，对夜盲症具有一定的辅助治疗作用，可以经常食用。

原料

南瓜、猪肝各250克，盐、味精、麻油各适量

做法

1. 南瓜去皮、瓤，洗净，切块；猪肝洗净，切片。
2. 南瓜、猪肝一起放入锅中，加1 000毫升水，煮至瓜烂肉熟，加调味料调匀即成。

食用宜忌

适用于夜盲症患者；服用维生素C时应忌食猪肝。

滋阴润肺 阴是指人身体里的液体，当津液不足时就是阴虚。肺阴虚是指阴液不足而不能润肺，症状可见呼吸干燥、干咳、发热等。

马蹄鸡肉盅

口味 清香　时间 30 分钟
技法 蒸、煮　功效 滋阴润肺，生津养胃

此汤适用于贫血、便秘等患者作食疗之用。

原料

鸡胸肉、马蹄各 200 克，干贝 50 克，高汤适量，料酒 5 毫升，盐 5 克

做法

1. 鸡胸肉、马蹄剁细；干贝泡软、蒸熟后切碎，拌入鸡肉中搅匀。
2. 将所有调味料倒入肉蓉中，加高汤拌匀，放入竹节内，以中火蒸 20 分钟后将鸡蓉倒锅中，倒入剩余高汤，煮沸即可。

食用宜忌

一般人都可食用。

银荪蛋汤

口味 咸鲜　时间 20 分钟
技法 煮　功效 养肝明目，补中益气

竹荪含有多种氨基酸、维生素、无机盐等，可提高机体免疫力，还能保护肝脏，产生降血压、降血脂和减肥的效果。

原料

竹荪 50 克，银耳 20 克，鸡蛋 2 个，盐 5 克，生姜片 3 克，葱（切段）1 根

做法

1. 银耳洗净，泡软，去蒂，撕成小朵；鸡蛋打散。
2. 竹荪洗净后汆烫 5 分钟，去异味，切段。
3. 将银耳、竹荪入锅，加 1 500 毫升开水、生姜片、葱段，以大火煮开，转中火煮 10 分钟后加入蛋液，放盐调味即成。

食用宜忌

竹荪是适合所有人食用的食品，想减肥的人可以常食；竹荪性凉，脾胃虚寒之人不要吃得太多。

蜜枣海底椰瘦肉汤

口味 清甜　　时间 2 小时

技法 煲　　功效 消食化积，滋阴润肺

蜜枣具有补血、健胃、益肺、调胃之效，海底椰具有滋阴润肺、除燥清热之效，二者结合，功效更加显著。

原料

蜜枣 4 颗，海底椰 100 克，苹果 1 个，猪瘦肉 300 克，盐适量

做法

1. 蜜枣、海底椰洗净；苹果去皮、核，切块。
2. 猪瘦肉洗净，切块，入沸水中汆烫。
3. 将全部食材放入砂锅中，加适量清水，大火煮沸 10 分钟后改小火煲 2 小时，加盐调味即可。

食用宜忌

津少口渴、脾虚泄泻者适合食用；好的海底椰色泽白净，每一刨片都较长，选购时需注意。

洋参炖乌鸡

口味 咸鲜　　时间 4 小时

技法 炖　　功效 补中益气，滋阴润肺

西洋参具有抗疲劳、抗氧化、抑制血小板聚集、降低血液凝固性的作用，且可以调节糖尿病患者的血糖。

原料

西洋参 8 克，红枣 5 颗，乌鸡 500 克，川贝 3 克，盐 5 克，冰糖 3 克

做法

1. 乌鸡洗净，斩块，入沸水锅中汆去血水。
2. 西洋参、川贝、红枣洗净后与乌鸡一起放入炖锅中。
3. 上火炖 4 小时，加盐、冰糖调味即可。

食用宜忌

一般人皆可食用；感冒者慎饮此汤。

香菇瘦肉汤

口味 咸鲜　　时间 2 小时

技法 煲　　功效 补气健脾，滋阴润肺

香菇可用于治疗消化不良、便秘、减肥等。

原料

猪瘦肉 750 克，党参 25 克，香菇 100 克，枸杞 5 克，生姜 10 克，盐、味精各适量

做法

1. 香菇去蒂；党参、生姜、枸杞洗净；猪瘦肉切块。
2. 把全部食材放入清水锅内，大火煮沸后改小火煲 2 小时，加盐、味精调味即可。

食用宜忌

适合病后体弱、脾胃气虚、食欲不振、形体虚羸、神疲乏力者食用。

木瓜花生排骨汤

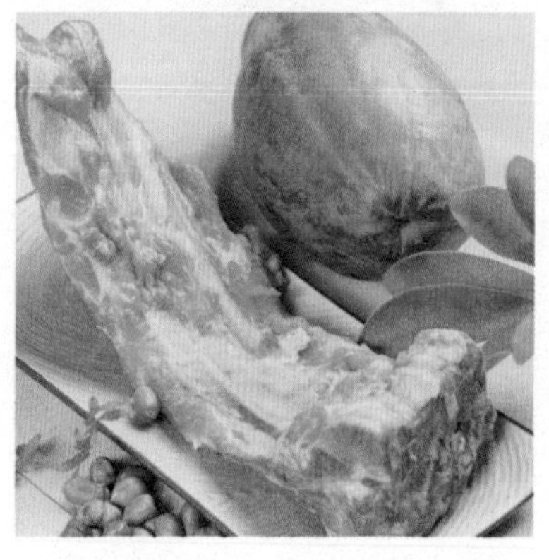

口味 咸鲜　　时间 3 小时

技法 煲　　功效 去湿舒筋，滋阴润肺

木瓜具有美容、保健的功效，常食对身体有益。

原料

木瓜 500 克，花生仁 100 克，排骨 200 克，生姜、盐各适量

做法

1. 木瓜去皮、去籽切段；花生仁洗净；排骨斩段。
2. 锅内烧开水后放排骨，汆去血污，捞出洗净；将全部食材放煲内，加入水，煲至花生熟后调味即可。

食用宜忌

此汤一般人皆宜食用；注意伤食脾胃、积滞多者不宜食用。

百合无花果生鱼汤

口味 咸鲜　　时间 3 小时

技法 煲　　功效 滋阴润肺，清热补虚

百合营养丰富，具有很好的滋补作用，还可防秋燥。

原料

百合、无花果各 30 克，马蹄 60 克，生鱼 500 克，盐、姜片各 5 克，花生油 10 毫升

做法

1. 百合、无花果洗净，泡发；马蹄去皮；生鱼剖净；锅烧热，下花生油、姜片，将生鱼两面煎至金黄色。
2. 加水煮沸加以上食材，煲沸改小火煲 3 小时，调味。

食用宜忌

适用于口干、干咳、便秘者；本汤性凉，肺虚、寒咳、气虚便秘者慎用。

苹果蜜梨炖瘦肉

口味 清甜　　时间 2小时
技法 炖　　功效 清热解暑，滋阴润燥

此汤清甜可口，具有养肺、健脾益胃、滋阴润燥的功效，非常适合老年人和儿童在秋季食用。

原料

苹果50克，蜜梨50克，猪瘦肉100克，蜜枣1颗，盐少许

做法

1. 将猪瘦肉洗净，入沸水略煮后切块。
2. 蜜梨、苹果切片，再加入猪瘦肉与蜜枣一起放入炖盅内，加清水250毫升，隔水炖2小时，以少许盐调味即可。

食用宜忌

适合咽喉肿痛、声音嘶哑、痰多咳嗽者食用；痰湿内盛、寒痰咳嗽者不宜食用本汤。

杞枣鸡蛋汤

口味 清甜　　时间 30分钟
技法 炖　　功效 滋阴润燥，宁志安神

枸杞滋补肝肾、益精明目，红枣补中益气、养血安神，二者结合更具有补肝肾、养血除烦、滋下清上的功效。

原料

枸杞30克，红枣9颗，鸡蛋2个，冰糖适量

做法

1. 枸杞洗净沥干；红枣洗净去核。
2. 一起放于炖盅内，加清水适量烧开。
3. 加入鸡蛋煮熟，加冰糖调味即可。

食用宜忌

适宜肝肾亏损、脾胃虚弱者以及慢性肝炎、肝硬化患者食用。注意：兔肉性味甘寒酸冷，鸡蛋甘平微寒，二者都含有一些生物活性物质，共食会发生反应，刺激肠胃道，引起腹泻。

蔬菜蛋花汤

口味 清淡　　时间 20分钟

技法 煮　　功效 养心安神，滋阴润燥

鸡蛋、蔬菜同食可起到去火、排毒、养颜、瘦身之效。

原料

鸡蛋1个，绿色叶菜40克，盐适量，味精少许，麻油3毫升

做法

1. 绿色叶菜洗净，切段备用；鸡蛋打散，备用。
2. 将适量水放入锅中，开大火，待水沸后加入叶菜，再将打散的鸡蛋加入煮成蛋花，再煮沸调味即可。

食用宜忌

是婴幼儿、孕妇、产妇的理想汤品；冠心病患者吃鸡蛋不宜过多。

黑木耳红枣猪蹄汤

口味 咸鲜　　时间 3小时

技法 煲　　功效 养血润肤，滋阴清肺

黑木耳能增强机体免疫力，常食可防癌抗癌。

原料

黑木耳20克，红枣5克，猪蹄300克，盐5克，麻油适量

做法

1. 黑木耳泡发；红枣去核；猪蹄去毛，斩段，汆水。
2. 猪蹄干爆5分钟；瓦煲加水，烧沸放入以上所有食材，大火煲开后改小火煲3小时，加盐、麻油调味即可。

食用宜忌

一般人都可以食用，肠胃功能欠佳者尤为适宜；哺乳期女性忌食。

生地母鸡汤

口味 咸鲜　　时间 2小时

技法 炖　　功效 养阴润肺，清热凉血

生地加母鸡营养美味，尤其适合体弱消瘦者。

原料

母鸡1只，生地40克，葱、姜、盐各适量

做法

1. 母鸡剖净；生地切片，葱切段，姜拍松，加盐同放鸡腹内。
2. 鸡胸脯朝上放在锅里，加适量水烧沸，小火炖熬至鸡酥烂。

食用宜忌

适宜潮热盗汗、心烦口渴者食用；痛风患者忌食。

补肾壮阳 肾为先天之本，又是气之根，肾阳虚主要表现为全身功能衰退，症见神疲乏力、腰膝酸软、畏寒肢冷等。

板栗香菇鸡爪猪骨汤

口味 咸鲜　　时间 2 小时

技法 煲　　功效 补髓益精，补肾壮阳

板栗对高血压、冠心病和动脉硬化有很好的预防和治疗作用。

原料

板栗 80 克，香菇 50 克，鸡爪 8 个，猪骨 300 克，红枣 3 克，生姜 3 片，盐少许

做法

1. 板栗、香菇、红枣浸泡，板栗去皮，香菇去蒂，红枣去核；鸡爪去皮甲，用刀背敲裂；猪骨斩块。
2. 所有食材与生姜放进瓦煲内，加水以大火煲沸后改为小火煲 2 小时，调入适量盐即可。

食用宜忌

适宜消化不良、腿脚无力的人食用。

巴戟杜仲牛鞭汤

口味 咸鲜　　时间 3 小时

技法 煲　　功效 补肾壮阳，强壮腰膝

牛鞭味咸，性温，可补肾壮阳、益精补髓；杜仲味甘、微辛，性温，能补肝肾，二者与巴戟天做汤，可治疗阳痿早泄、腰膝酸软等症。

原料

牛鞭 1 条，巴戟天 60 克，杜仲 30 克，红枣 5 克，生姜 4 片，盐适量

做法

1. 取鲜牛鞭洗净，切去肥油，用开水除去膻味，然后入清水中漂净，切块。
2. 巴戟天、杜仲、生姜片、红枣（去核）洗净，与牛鞭一起放入锅内，加清水适量，大火煮沸后，转小火煲 3 小时，加盐调味即可。

食用宜忌

此汤适合肾气不足、风湿腰痛之人食用；阴虚火旺、高血压属实热证者不宜用本汤。

枸杞菟丝鹌鹑蛋汤

口味 清淡　　时间 1.5 小时
技法 煲　　功效 补肾壮阳，固精止遗

鹌鹑蛋味道鲜美、营养丰富，可补五脏、益中气、清热利湿，且易于消化吸收，非常适合孕产妇食用。

原料

鹌鹑蛋 100 克，菟丝子 30 克，玉米须 15 克，枸杞 10 克，盐适量

做法

1. 鹌鹑蛋煮熟，去壳。
2. 将菟丝子、玉米须、枸杞洗净，与鹌鹑蛋一起放入锅内，加清水适量，大火煮沸后改用小火煲 1~2 小时，汤成去渣，加盐调味即可。

食用宜忌

适宜肾气虚损之人食用；阴虚火旺者不宜食用本汤。

虾仁韭菜汤

口味 咸鲜　　时间 30 分钟
技法 煮　　功效 补肾壮阳，健中固精

韭菜含有蛋白质、脂肪、碳水化合物及大量维生素、矿物质、钙、磷、铁等，因具有辛辣味，可促进食欲。

原料

鲜虾、韭菜各 100 克，盐 5 克，姜末 3 克

做法

1. 虾洗净剥壳，取虾仁洗净，切碎末，待用。
2. 把韭菜择洗干净，切成小段，待用。
3. 煮锅内加水适量，置于大火上烧沸，加入虾末，煮 5 分钟后下姜末、韭菜、盐，再煮沸，即可食用。

食用宜忌

一般人都可以食用，此汤特别适宜肾阳亏虚、腰膝酸软、阳痿早泄者食用；虾为发物，染有宿疾者不宜食用，如正值上火之时也不宜食虾。

牛蒡煲小排

口味 咸鲜　时间 1小时

技法 煲　功效 健脾胃，补肾壮阳

牛蒡含有多种人体必需的氨基酸，常食有益健康。

原料

牛蒡150克，小排骨300克，葱15克，生姜10克，盐5克，味精2克，胡椒粉3克，料酒10毫升

做法

1. 牛蒡切滚刀块；小排骨斩块；葱切段；姜切片。
2. 锅中注水烧开，放入排骨焯去血水，捞出，将所有食材放入煲中，上火煲50分钟，加入调味料即可食用。

食用宜忌

一般人皆可食用；小排骨过水时加入少许料酒和葱段可去腥。

生地猪心汤

口味 咸鲜　时间 2小时

技法 蒸　功效 补肾壮阳，滋阴补虚

猪心富含多种营养成分，对加强心肌营养、增强心肌收缩力有很大的作用。

原料

猪心1个，生地3克，盐1克，味精、鸡精各0.5克

做法

1. 将猪心洗净，入沸水中过水；生地洗净备用。
2. 将全部食材放入炖盅内，加盐、味精、鸡精调好味，上笼蒸2小时即可。

食用宜忌

一般人皆可食用；烹制猪心前应将血水去除干净，否则会影响汤色。

海参鸡肉汤

口味 咸鲜　时间 5小时

技法 煎、炖　功效 补肾壮阳，补精填髓

海参具有延缓性腺衰老、防止动脉硬化及抗肿瘤等作用。

原料

鸡肉150克，海参30克，生姜2片，葱1根，盐适量

做法

1. 生姜洗净；葱切段；鸡肉切片；海参泡发切片。
2. 瓦煲加水煮沸，放鸡肉、海参，大火煮沸改小火煮1小时，放姜、葱煮沸，加盐调味即可。

食用宜忌

适宜精血亏损、腰膝酸软者食用；急性肠炎、菌痢患者忌食。

淫羊藿枸杞羊肉汤

口味 咸鲜　　时间 2小时

技法 煲　　功效 补肾壮阳，止咳平喘

淫羊藿可用于治疗阳痿早泄、四肢麻木、耳鸣等症。

原料

淫羊藿10克，羊肉100克，枸杞、巴戟天各15克，生姜片、盐、鸡精、料酒各适量

做法

1. 羊肉切块汆去血水，捞出；淫羊藿、巴戟天洗净。
2. 全部食材入瓦煲内，加适量清水，大火烧开后转用小火慢煲2小时，调味即可。

食用宜忌

此汤适合体质虚寒、阳痿早泄者食用；阳热亢盛、阴虚火旺者忌食。

苁蓉炖牡蛎

口味 咸鲜　　时间 1小时

技法 炖　　功效 补肾壮阳，强身健体

肉苁蓉益精血、润肠道，对腰膝冷痛、便秘者有益。

原料

肉苁蓉10克，牡蛎肉250克，鸡肉100克，胡萝卜50克，生姜、葱段各5克，盐、胡椒粉、味精各3克

做法

1. 肉苁蓉、牡蛎肉切片；鸡肉、胡萝卜切块；姜拍松。
2. 将所有食材放入炖锅内，加适量水，用大火烧沸后改用小火炖50分钟，调味即可。

食用宜忌

适宜肾虚、腰痛乏力等患者食用；阴虚火旺者忌食。

三子鳝鱼汤

口味 咸鲜　　时间 1小时

技法 煮　　功效 暖中益气，补肾壮阳

鳝鱼营养丰富，补肾阳效果显著。

原料

鳝鱼200克，韭菜子、枸杞、菟丝子各20克，盐、味精各少许

做法

1. 鳝鱼剖杀切段；韭菜子与菟丝子装纱布袋，口扎紧。
2. 鳝鱼、枸杞、纱布袋入锅，加水煮沸改小火煨至水约剩300毫升时取出布袋，加盐及味精即成。

食用宜忌

适宜阳痿、早泄、贫血者食用；食肉饮汤，每日1次，10日为1疗程。

虾丸瘦肉汤

口味 咸鲜　　时间 2小时
技法 炖　　功效 补肾壮阳，通乳

虾丸不仅蛋白质含量高，钾、碘、镁、磷等矿物质和维生素A、氨茶碱等成分的含量也很高，其易消化，是老少皆宜的营养品。

原料

虾丸150克，猪瘦肉50克，肉桂5克，薏米25克，盐、味精各适量，生姜15克

做法

1. 虾丸洗净对半切开；猪瘦肉洗净后切成小块；生姜洗净拍烂；肉桂洗净；薏米淘净。
2. 将以上食材全部放入砂锅内，加适量水，待水开后，先用中火炖1小时，再用小火炖1小时，加盐、味精调味即可。

食用宜忌

乳少的产妇、麻疹透发不畅者适合食用本汤；不要选购霉变或劣质的中药材。

阳起石鸡汤

口味 咸鲜　　时间 2小时
技法 煲　　功效 温肾壮阳

阳起石入肾经，中医认为其性温咸，有温肾壮阳的功效，主治下焦虚寒、腰膝冷痹、男子阳痿、女子宫冷等。

原料

公鸡肉500克，阳起石10克，生姜片、盐各适量

做法

1. 将鸡肉洗净，切块；阳起石洗净。
2. 锅内烧水汆去鸡肉表面血迹，洗净。
3. 将全部食材与姜片一起放入瓦煲内，加适量清水，用大火烧开后转小火慢煲2小时，加盐调味即可。

食用宜忌

因肾阳虚引起的阳痿、早泄者适合饮用；阴虚火旺者忌服。

益气补血 气虚者会出现身体虚弱、面色苍白、呼吸短促、四肢乏力、食欲不振、自汗等症。血虚表现为唇甲色淡、头晕眼花、视力减退等症。

猪肠核桃汤

口味 咸鲜　　时间 1 小时
技法 煮　　功效 益气补血，润肠通便

核桃 80% 的脂肪为不饱和脂肪酸，并富含人体需要的多种微量元素，具有健脑作用。

原料

猪肠 200 克，核桃仁 60 克，熟地 30 克，红枣 5 颗，生姜丝、葱末、料酒、盐各适量

做法

1. 猪肠汆水，捞出切块；核桃仁捣碎；红枣去核；熟地用干净纱布包好。
2. 锅内加水，放入所有食材和料酒，大火烧沸后改小火煮约 50 分钟，拣出药袋，调入盐即可。

食用宜忌

适用于老年人或病后津液不足、肠燥便秘者。

板栗鸡肉汤

口味 咸鲜　　时间 1.5 小时
技法 煲　　功效 益气养血，滋阴补肾

鸡肉含有维生素 C、维生素 E 及高蛋白，且消化率高，易被人体吸收利用，有增强体力、强壮身体之效。

原料

鸡半只（约 500 克），板栗 500 克，香菇 30 克，生姜 2 片，盐适量

做法

1. 板栗用开水烫一下，稍凉后剥去果皮；香菇用水浸软，去蒂洗净；鸡洗净，斩块。
2. 将鸡肉、板栗、姜片一起放入锅内，加清水适量，大火煮沸后改用小火煲 1 小时，再加香菇煲 20 分钟，加盐调味即可。

食用宜忌

此汤适宜脾胃虚弱、体虚者和患慢性支气管炎的老年人饮用；感冒发热者不宜食用。

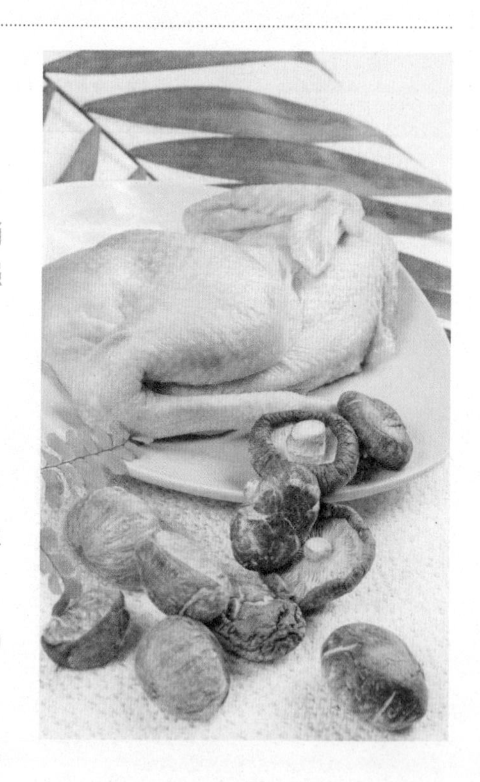

桂圆猪心汤

口味 清淡　　时间 3 小时
技法 煲　　功效 补益气血，养心安神

猪心具有营养血液、养心安神的功效。

原料

猪心 1 个，桂圆肉 200 克，党参 20 克，盐适量

做法

1. 猪心切去肥油，洗净。
2. 桂圆肉、党参洗净，与猪心一起放入炖盅里，加清水适量，用小火煲 3 小时，加盐调味食用。

食用宜忌

适宜气血两虚之人食用；中老年人宜少吃。

黄芪炖乌鸡

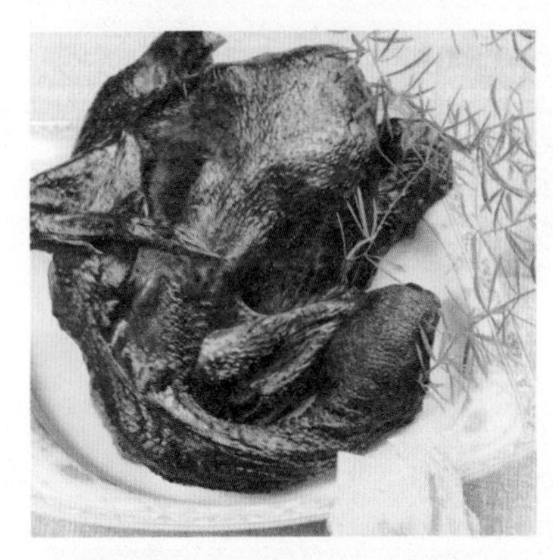

口味 咸鲜　　时间 2 小时
技法 炖　　功效 补肝肾，益气血

黄芪、乌鸡同食补益气血效果更佳。

原料

黄芪 50 克，乌鸡 1 000 克，葱、姜各 10 克，盐、料酒各适量

做法

1. 乌鸡汆烫，捞出洗净；葱切段；姜切片。
2. 黄芪洗净，放入乌鸡腹中；乌鸡放入砂锅中，注水，放入料酒、盐、葱段、姜片，炖至乌鸡肉酥烂入味即成。

食用宜忌

此汤特别适宜遗精、早泄者食用；孕妇忌食此汤。

人参鹿茸炖乌龟

口味 咸鲜　　时间 3 小时
技法 炖　　功效 补精髓，益气血

鹿茸的保健作用很好，且可提高机体免疫力。

原料

乌龟 1 只，鹿茸片、人参、枸杞各 12 克，盐适量

做法

1. 乌龟放盆中，注入开水烫死，剖壳洗净斩块；鹿茸、枸杞洗净；人参洗净，切片。
2. 龟肉略炒，加水煮沸后倒入炖盅，放鹿茸片、人参、枸杞，加盖，小火隔水炖 3 小时，加盐调味即可。

食用宜忌

适宜肾气虚弱、气血不足者饮用；感冒发热、口苦口干、便秘者忌食。

百合桂圆炖乳鸽

口味 咸鲜　　时间 2小时
技法 炖　　功效 补肝肾，益气血

桂圆、乳鸽同食可养血安神。

原料

乳鸽1只，桂圆肉10克，百合（干）5克，生姜8克，盐、味精各适量

做法

1. 乳鸽剖净斩块汆烫；桂圆肉洗净；百合用温水泡发。
2. 乳鸽、百合、桂圆入炖锅，加水，放入拍破的姜块，炖至鸽肉熟烂，拣去姜块，加盐、味精炖至入味即可。

食用宜忌

此汤适合孕妇、体虚病弱者食用；食鸽以清蒸或煲汤最好。

食用宜忌

一般人皆可食用；板栗、香菇、鸡肉可捞起拌入酱油佐餐用。

板栗香菇鸡汤

口味 咸鲜　　时间 2小时
技法 煲　　功效 益气养血，滋阴补肾

香菇素有“山珍之王”的美称，具有抗癌作用。

原料

板栗500克，香菇50克，光鸡1只，姜片5克，盐、花生油各适量

做法

1. 板栗浸泡去衣；香菇泡发去蒂切块；光鸡剖净斩块。
2. 将全部食材与生姜放入瓦煲内，加水适量；大火煲沸后改小火煲2小时，调入盐和少许花生油便可。

石斛炖母鸡

口味 咸鲜　　时间 2小时
技法 炖　　功效 益气，养血

石斛可解热镇痛，对低热烦渴等症有很好的疗效。

原料

当归、党参各15克，石斛10克，母鸡1只，姜片5克，葱段3克，料酒、盐各适量

做法

1. 母鸡剖净；将当归、石斛、党参、葱、姜、料酒、盐放入鸡腹内，把鸡肚朝上放入砂锅内，加适量水。
2. 砂锅置大火上烧沸，改小火炖熬至鸡肉熟透即成。

食用宜忌

适宜久病体衰、反胃少食者食用；不要选购霉变或劣质药材。

香菇猪肚汤

口味 咸鲜　　时间 2 小时
技法 蒸　　功效 补益气血，健脾胃

猪肚中含有丰富的钙、钾、钠、镁、铁和维生素 A、维生素 E、蛋白质、脂肪等成分，具有补虚损、健脾胃的功效。

原料

猪肚 220 克，香菇 5 朵，味精、鸡精、盐各适量

做法

1. 猪肚洗净，焯水后切成条或片；香菇泡发，去蒂洗净，待用。
2. 将切好的猪肚及发好的香菇放入炖盅内用中火隔水蒸 2 小时。
3. 加盐、味精、鸡精调味即可。

食用宜忌

一般人皆可食用；清洗猪肚时一定要去掉表面的一层黏液。

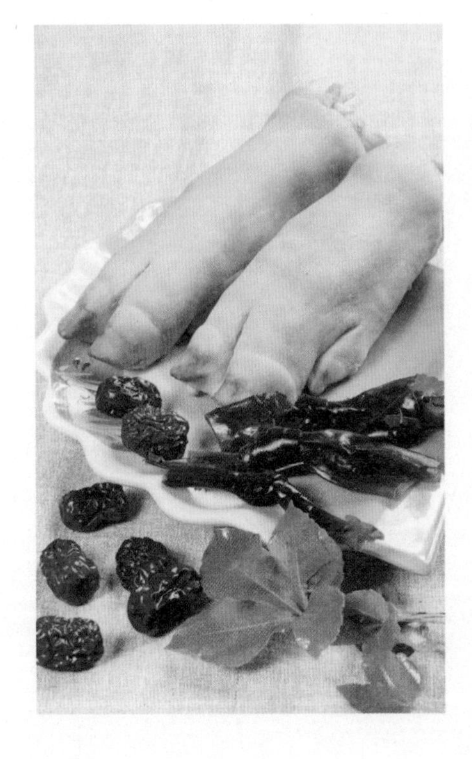

海带煲猪蹄

口味 咸鲜　　时间 40 分钟
技法 煲　　功效 补中益气，养血安神

猪蹄中含有较多的蛋白质、脂肪和碳水化合物，并含有钙、磷、镁、铁以及维生素 A、维生素 D、维生素 E、维生素 K 等有益成分。

原料

猪蹄 300 克，海带 100 克，红枣 10 颗，葱 20 克，料酒 10 毫升，盐 3 克，味精 2 克，胡椒粉 2 克

做法

1. 猪蹄去毛斩块，汆去血水；海带泡发撕小块；葱切花；红枣去核。
2. 瓦煲置火上，放猪蹄、海带、红枣、料酒，加水，大火煲开后转用小火煲 30 分钟至汤白，加盐、味精、胡椒粉调味，再煲 5 分钟，撒上葱花即可。

食用宜忌

一般人皆可食用；猪蹄一定要买新鲜的，先煮去血水，不然汤汁不白。

活血化淤 当人体里的气血不能正常循环流动时，就会发生气滞血淤。淤血的主要症状是血行迟缓不畅，会导致长斑、关节痛、消化不良等症状。

山楂麦芽猪胰汤

口味 清淡　　时间 2 小时
技法 煲　　功效 开胃消滞，活血化淤

山楂具有降血脂、强心等作用，还可开胃、消食。

原料

山楂 20 克，麦芽 30 克，猪胰、猪瘦肉各 250 克，蜜枣 5 颗，盐适量

做法

1. 山楂、麦芽洗净，浸泡 1 小时；猪胰汆水；猪瘦肉洗净；蜜枣洗净。
2. 将适量水放入瓦煲内，煮沸后加入以上食材，大火煲沸后改用小火煲 2 小时，加盐调味即可。

食用宜忌

此汤适宜消化不良、胃口欠佳者食用；由于山楂有活血化淤之效，孕妇慎用。

三七炖鱼尾

口味 咸鲜　　时间 4 小时
技法 炖　　功效 活血祛淤，养阴益精

三七性温、味辛，具有散淤止血、消肿定痛的功效，常食三七还可预防和治疗冠心病、心绞痛。

原料

鱼尾 100 克，三七 5 克，黄精 10 克，盐适量

做法

1. 先将鱼尾用清水洗净，切段。
2. 三七用清水洗干净，打碎；将黄精洗净。
3. 把以上食材放入炖盅内，加入适量开水，盖上炖盅盖，放入锅内，用小火隔水炖 4 小时左右，以少许盐调味即可。

食用宜忌

此汤适合体质虚弱、真阴亏损、神经衰弱的人士食用；脾胃虚寒者不宜饮用。

扁豆莲子鸡腿汤

口味 咸鲜　　时间 4 小时

技法 蒸　　功效 活血化淤，使肌肤粉嫩

扁豆营养丰富，主要含有蛋白质、脂肪、糖类、磷、钙、铁、锌、维生素 B_1、维生素 B_2、酪氨酸等成分。

原料

鲜扁豆 100 克，莲子 40 克，鸡腿 300 克，盐 5 克

做法

1. 鲜扁豆、莲子洗净备用。
2. 鸡腿剁块，汆烫后捞出，备用。
3. 将所有食材放入炖盅内，加入适量清水，上蒸笼蒸 4 小时，加入盐拌匀即可食用。

食用宜忌

此汤适合长痘、面色无华之人食用；痛风患者不宜喝鸡汤。

益母草鸡蛋汤

口味 咸鲜　　时间 30 分钟

技法 煎、煮　　功效 活血祛淤，调经消水

益母草含有多种生物碱、苯甲酸、亚麻酸、油酸、维生素 A 等，鸡蛋有补阴益血、健脾安神的作用，合而为汤，可补肝养血、活血行滞、养颜健美。

原料

益母草 20 克，鸡蛋 3 个，生姜、盐、食用油各适量

做法

1. 将益母草洗净；生姜洗净，拍破。
2. 炒锅里放适量食用油，打入鸡蛋煎至两面微黄，盛出，沥干油。
3. 将煎好的鸡蛋和益母草、生姜一起放入瓦煲内，加适量清水，大火煮开，再改中火煮 15 分钟，捞去药渣，调味即可。

食用宜忌

此汤可治因气血淤滞而导致的痛经、月经不调等症；气血虚者不宜饮用。

丹参乌鸡汤

口味 清淡　　时间 2小时
技法 蒸　　功效 宁神解郁，活血化淤

本汤健脾开胃、调补气血，适用于心悸气短、食欲不振、女性月经量少而色淡、经后小腹隐隐作痛、精神疲倦乏力等。

原料

丹参15克，红枣10颗，红花2.5克，核桃仁5克，乌鸡1只（约500克），盐5克

做法

1. 红花、核桃仁洗净，装布袋，扎紧；乌鸡剖净剁块，放入沸水中汆烫后捞出；红枣、丹参洗净。
2. 将所有食材放入炖盅内，加适量清水，上蒸笼，蒸至鸡肉熟烂，取出布袋，加盐调味即成。

食用宜忌

适合体虚血亏、肝肾不足的人食用；乌鸡连骨（砸碎）熬汤，滋补效果更佳。

丹参三七炖乌鸡

口味 咸鲜　　时间 1小时
技法 炖　　功效 滋阴补虚，活血化淤

丹参含有丹参酮、原儿茶酸、丹参素、维生素E等，能扩张冠状动脉、调节心律、抗凝血等。

原料

乌鸡1只（约500克），丹参30克，三七10克，盐5克，姜丝、味精各适量

做法

1. 乌鸡洗净切块；丹参、三七洗净。
2. 三七、丹参装于纱布袋中，扎紧袋口。
3. 纱布袋与乌鸡同放于砂锅中，加清水600毫升，烧开后加入姜丝和盐，小火炖1小时，下味精调味即可。

食用宜忌

适用于血淤胃痛、吐血、舌有淤点者；炖煮此汤最好不用高压锅，使用砂锅小火慢炖最好。

提神健脑 大脑是人的神经中枢，脑力充沛，人就会精力旺盛；脑力不足，人就会反应迟钝。一些养生汤具有提神健脑、提高记忆力的功效。

银耳炖猪蹄

口味 咸鲜　　时间 2小时

技法 煲　　功效 提神健脑，补肾嫩肤

银耳营养丰富，有滋阴润肺、嫩肤美容等作用。

原料

银耳50克，猪蹄600克，葱、生姜、盐、碱、胡椒粉、料酒、味精各适量

做法

1. 银耳泡发去蒂，加碱以开水浸泡8分钟，再用冷水冲去碱味，撕成小朵；猪蹄剁块，汆去血沫。
2. 葱切段；生姜拍碎；猪蹄、葱段、生姜放砂锅，加料酒及水，烧开改小火煲2小时，加入银耳，煮至银耳、猪蹄熟烂，加胡椒粉、盐、味精调味。

食用宜忌

老少皆宜；胆固醇高及高血压者慎食本汤。

莲子瘦肉汤

口味 清淡　　时间 30分钟

技法 煲　　功效 提神健脑，镇静安神

莲子中的钙、磷和钾含量非常丰富，还具有促进凝血、镇静神经、维持肌肉伸缩性等作用。

原料

去心莲子200克，猪瘦肉400克，盐、糖各适量

做法

1. 猪瘦肉洗净，切成块，放入碗中。
2. 撒上适量盐，拌匀腌渍约15分钟。
3. 将莲子浸泡后洗净，并沥干水。
4. 将莲子、猪瘦肉、糖一起放入电饭煲，跳档后加盐调味。

食用宜忌

此汤适合老年人、神经衰弱者食用；失眠多梦、口干咽干者不宜饮用。

莴笋雪里蕻肉丝汤

口味 清淡　　时间 15 分钟

技法 煲　　功效 提神健脑，消除疲劳

雪里蕻含抗坏血酸，可增加大脑氧含量，有助补脑。

原料

莴笋、雪里蕻各 200 克，猪肉 400 克，盐、糖各适量，姜 3 克

做法

1. 猪肉切丝，腌渍；莴笋去皮，切丝；姜切片。
2. 雪里蕻切丝，和莴笋一起焯水并捞出沥干。
3. 将食材和姜同放电饭煲，煮好后加盐和糖调味。

食用宜忌

此汤一般人皆可食用；小儿消化功能不全者不宜多食。

乌鳢鱼汤

口味 咸鲜　　时间 25 分钟

技法 煲　　功效 提神健脑，补益气血

乌鳢鱼肉有补气血、健脾胃之效，常食可强身健体。

原料

红薯 200 克，乌鳢鱼 500 克，盐、鸡精、食用油各适量

做法

1. 乌鳢鱼洗净，切块；红薯去皮，洗净切块。
2. 鱼块放入碗中，撒上盐抹匀腌至入味。
3. 炒锅倒油加热，下入鱼块煎熟后捞起。
4. 将红薯、鱼块同放电饭煲，跳档后加盐和鸡精调味。

食用宜忌

本汤适合儿童食用；有疮者不可食，令人瘢白。

豆腐苦瓜汤

口味 咸鲜　　时间 15 分钟

技法 煲　　功效 提神健脑，促进发育

豆腐有益神经、大脑的发育，还能抑制胆固醇摄入。

原料

苦瓜、豆腐各 300 克，盐适量

做法

1. 苦瓜洗净去瓤，切成长方形块。
2. 炒锅倒水加热，下入苦瓜焯水后捞出沥干。
3. 将豆腐洗净，切成块，并沥干水。
4. 将苦瓜和豆腐同放电饭煲，煮好后加盐调味。

食用宜忌

此汤一般人皆可食用；豆腐不宜与菠菜、香葱一起烹调。

冰糖雪梨汤

口味 清甜　　时间 25 分钟
技法 煲　　功效 提神健脑，提高记忆力

雪梨含有的硼可以预防骨质疏松症。

原料

雪梨 300 克，冰糖 10 克

做法

1. 雪梨洗净，削去皮，切成小块。
2. 将雪梨块沥干水，放入电饭煲，加适量水。
3. 盖上锅盖按下煮饭键，煮至自动跳档。
4. 加冰糖调好味，即可盛出食用。

食用宜忌

此汤适宜儿童饮用；梨忌与油腻、冷热之物同食，否则易引起腹泻。

莲子桂圆汤

口味 清甜　　时间 25 分钟
技法 煲　　功效 提神健脑，补益脾胃

桂圆含有多种营养物质，是健脾益智的传统食物。

原料

去心莲子、百合各 100 克，桂圆 50 克，蜂蜜适量

做法

1. 去心莲子洗净，用清水浸泡约 15 分钟后捞出沥干。
2. 百合、桂圆洗净，和莲子一起放入电饭煲中。
3. 倒入适量清水，按下煮饭键，煮至跳档。
4. 开盖晾凉，加入适量蜂蜜，即可食用。

食用宜忌

此汤适宜儿童食用；桂圆以颗粒圆整、大而均匀者为佳。

银耳橘子汤

口味 清甜　　时间 25 分钟
技法 煲　　功效 提神健脑，消除疲劳

橘子具有美容和消除疲劳的作用，可降低胆固醇。

原料

银耳 50 克，橘子 100 克，冰糖适量

做法

1. 银耳洗净，清水泡发后沥干，撕成小块。
2. 橘子去皮，取果肉和银耳一起放入电饭煲中。
3. 往电饭煲中倒入适量的清水。
4. 加冰糖，用煮饭档煮至跳档后，即可盛出食用。

食用宜忌

此汤适宜老年人食用；银耳宜选择色泽黄白、鲜洁发亮者。

养心安神 心神不安症见心悸易惊、健忘失眠、精神恍惚、多梦遗精、口舌生疮等。通过饮食来达到养心安神的目的，最早见于《灵枢·五味篇》。

莲子猪心汤

口味 清淡　　时间 2 小时

技法 煲　　功效 补心健脾，养心安神

猪心对加强心肌营养、增强心肌收缩力有很大作用。

原料

猪心 1 个，莲子 60 克，盐适量

做法

1. 猪心洗净，切片，汆水，捞出沥干；莲子（去心）洗净。
2. 把全部食材放入锅内，加水以大火煮沸后，小火煲 2 小时，加盐调味即可。

食用宜忌

此汤适合心脾不足及神经衰弱者食用；感冒发热者不宜食用本汤。

党参羊肚汤

口味 咸鲜　　时间 3 小时

技法 煲　　功效 益气强身，养心安神

羊肚中所含的营养成分包括蛋白质、脂肪、碳水化合物、钙、磷、铁、维生素 B_1 等，有温中补虚等功效。

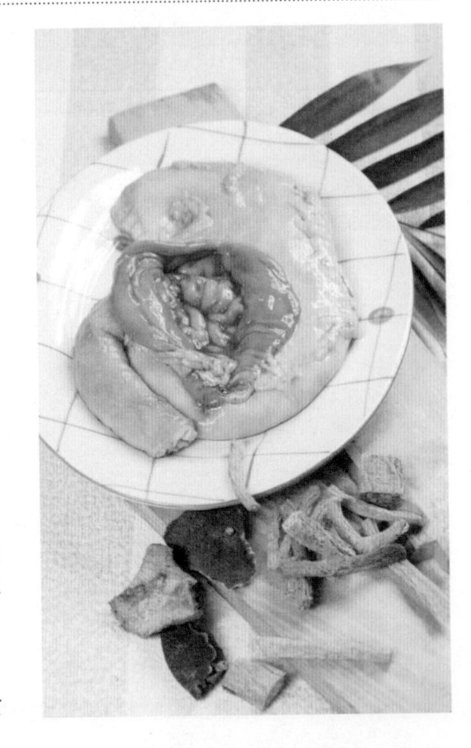

原料

羊肚 1 000 克，党参 30 克，陈皮 6 克，胡椒 15 克，生姜 4 片，盐适量

做法

1. 羊肚用盐擦洗后，冲至无黏液，水煮刮去黑膜。
2. 党参、陈皮、胡椒、生姜与羊肚同放锅内，加适量开水，大火煮沸后改小火煲 3 小时，加盐调味即可。

食用宜忌

本汤适用于脾胃虚寒、胃脘胀痛、恶心欲吐，或食入不化、肢寒怕冷、慢性胃炎、慢性肠炎等症。

黄芪桂圆老鸡汤

口味 咸鲜　　时间 3 小时
技法 煲　　功效 补气补血，养心安神

黄芪有增强机体免疫功能、抗衰老、抗应激、降压、增强心肌收缩力、调节血糖的功能。

原料

黄芪 15 克，桂圆肉 15 克，陈皮 2 片，红枣 5 颗，老母鸡 1 只（约 600 克），盐适量

做法

1. 先将老母鸡洗干净，切成大块。
2. 黄芪、桂圆肉用清水洗干净；红枣洗干净，去核；陈皮用清水浸透，洗干净。
3. 将以上食材一起放入加了开水的炖盅中，用中火煲 3 小时左右，加少许盐调味即可。

食用宜忌

气血不足、面色苍白无华者可以用此汤佐膳作食疗；患有胃溃疡、胃酸过多的患者不宜多喝。

黑豆蛋酒汤

口味 清甜　　时间 30 分钟
技法 煮　　功效 养心安神，滋阴润燥

黑豆营养丰富，含有蛋白质、维生素、矿物质等，有活血、利水、祛风、解毒、延缓人体衰老、降低血液黏稠度等功效。

原料

黑豆 100 克，米酒 100 毫升，鸡蛋 2 个，白糖适量

做法

1. 黑豆洗净，用清水浸泡半小时；鸡蛋带壳洗净。
2. 锅置火上，将黑豆、鸡蛋放入锅中，加水 100 毫升，用小火煮至鸡蛋熟。
3. 将熟鸡蛋取出，去壳，待黑豆烂熟时加入白糖，将鸡蛋再放入锅中，倒入米酒煮沸即可。

食用宜忌

适宜气血虚弱型痛经者食用；鸡蛋宜用小火煮熟。

莲子萝卜汤

口味 清甜　　时间 30分钟
技法 煮　　功效 清热消滞，养心安神

白萝卜富含膳食纤维，可刺激肠胃蠕动，并可提高免疫力；白萝卜中的萝卜素对预防、治疗感冒有独特作用，富含的钙、锌元素及维生素能缓解胃肠型感冒症状。

原料

莲子50克，白萝卜500克，蜜枣4颗，冰糖适量

做法

1. 将莲子连心带皮打碎；白萝卜洗净，切块；蜜枣洗净备用。
2. 以上食材同放入锅内，加适量清水，以中火将食材煮烂后加冰糖调味即可。

食用宜忌

此汤特别适合口舌生疮者食用；本汤寒凉，脾胃虚寒者慎用。

百合桂圆鸡心汤

口味 清淡　　时间 30分钟
技法 煲　　功效 滋阴补血，养心安神

百合、桂圆、鸡心同煲，可用于治疗阴血不足引起的心悸、烦躁、失眠、多梦等症。

原料

鲜百合30克，桂圆肉30克，鸡心150克，花生油3毫升，生姜丝2克，糖2克，生粉1克，盐5克

做法

1. 百合洗净后掰成片状；桂圆肉洗净后浸泡待用。
2. 鸡心剖开，洗净腔内淤血，放入花生油、生姜丝、糖、生粉、盐稍腌。
3. 将清水800毫升与桂圆肉放入瓦煲内，煮沸后加入鲜百合，再煮沸5分钟，放入鸡心，小火煲至鸡心熟，加盐调味即可。

食用宜忌

心悸烦躁、失眠多梦等患者适合食用此汤；外感发热、实热者慎用。

莲子茯苓汤

口味 清淡　　时间 2 小时
技法 煲　　功效 补脾止泻，养心安神

莲子、茯苓同食具有强心安神、增强免疫力的功效。

原料

莲子 50 克，茯苓 20 克，猪瘦肉 200 克，北沙参、薏米各 5 克，生姜片、盐各适量

做法

1. 莲子去心，洗净；薏米、茯苓、北沙参洗净；猪瘦肉洗净，切块。
2. 锅内烧水，水开后放入猪瘦肉烫去表面血迹，捞出洗净。
3. 全部食材和生姜片放入瓦煲内，加适量清水，用大火烧开后转用小火慢煲 2 小时，加盐调味即可。

食用宜忌

有肾虚腰痛、梦遗滑精等症者适用；大便郁结或腹部胀满之人忌食。

四神煲豆腐

口味 咸鲜　　时间 1.5 小时
技法 煲　　功效 益肾固精，养心安神

豆腐含有铁、钙、磷、镁等人体必需的多种微量元素，其消化吸收率达 95%，两小块豆腐即可满足一个人一天钙的需要量。

原料

芡实、茯苓、山药、莲子各 25 克，豆腐 100 克，香菇（干品）10 克，盐、花生油各适量

做法

1. 芡实、茯苓、山药磨粉；莲子洗净；豆腐洗净，切成块，抹盐晾干；香菇浸水去蒂。
2. 炒锅置火上，倒入花生油，烧至八成热，下豆腐炸至金黄，捞出；炖锅内放入豆腐、香菇、莲子，以及磨粉调水后的芡实、茯苓、山药，加入适量水煮沸，再以小火慢煮 1 小时，加盐调味。

食用宜忌

此汤适合遗精早泄者食用；发热、咽喉痛者不宜食用。

蛋黄肚丝汤

口味 咸鲜　时间 30 分钟

技法 烧　功效 补虚损，养心安神

鸡蛋中的脂溶性维生素等对人体十分有益。

原料

猪肚 400 克，鸡蛋 2 个，竹笋、香菇（干）、黑木耳（干）各 10 克，生姜、盐、香菜各适量

做法

1. 鸡蛋煮熟，取蛋黄，切片；竹笋、香菇、黑木耳泡发切丝；香菜切末；生姜切片；猪肚切条。
2. 锅内放猪肚，加水烧开，放入剩余原料烧开撒香菜末。

食用宜忌

此汤尤其适宜虚劳瘦弱、呕吐、下痢、心烦不眠者饮用。

党参灵芝瘦肉汤

口味 清香　时间 3 小时

技法 煲　功效 益气强身，养心安神

党参和灵芝同食可起到强心、增强免疫力的作用。

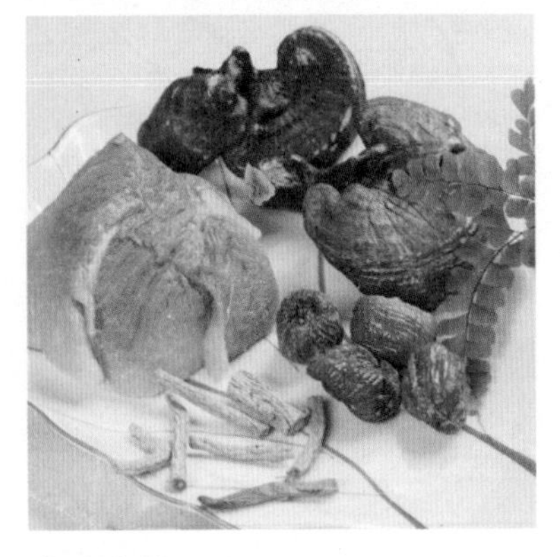

原料

党参 30 克，灵芝 20 克，猪瘦肉 500 克，蜜枣 4 颗，盐 5 克

做法

1. 党参、灵芝浸泡；猪瘦肉切块汆水；蜜枣洗净。
2. 瓦煲内加水煮沸后加入以上食材，大火煲开改小火煲 3 小时，加盐调味。

食用宜忌

适宜中气下陷、心悸头昏者食用；饮用此汤时忌食藜芦制品。

莲子山药银耳甜汤

口味 清甜　时间 30 分钟

技法 煮　功效 滋阴健脾，养心安神

莲子、山药、银耳同食，对心神不安者非常有效。

原料

银耳 100 克，莲子、山药、百合各 50 克，红枣 6 颗，冰糖适量

做法

1. 银耳、百合泡发；红枣去核；山药去皮切块。
2. 银耳、莲子、百合、红枣同时入锅，煮约 20 分钟，待莲子、银耳煮软放入山药，稍煮，加冰糖调味即可。

食用宜忌

适宜思虑过度、劳心失眠者；风寒咳嗽、虚寒出血、脾虚便溏者忌食。

红枣党参牛肉汤

口味 咸鲜　　时间 30 分钟
技法 蒸　　功效 补气健脾，养心安神

红枣补气养心，党参补中益气，牛肉补虚益气，三者同食具有补气、安神、强壮身体的功效。

原料

红枣 8 颗，党参 10 克，牛肉 250 克，生姜 2 片，盐 5 克

做法

1. 红枣用清水洗干净，去核。
2. 生姜洗干净，刮去姜皮。
3. 党参、牛肉分别用清水洗干净。
4. 将以上食材一起放入炖盅内，小火隔水蒸 30 分钟调入盐即可。

食用宜忌

此汤适合身体虚弱、食欲不振之人食用；消化力弱的不宜多吃。

灵芝猪心汤

口味 咸香　　时间 2 小时
技法 蒸　　功效 养心安神，益气和中

本汤综合了灵芝和猪心的营养成分，保健作用更显，对于心血亏虚、心悸怔忡、烦躁易惊、失眠多梦等症有很好的治疗作用。

原料

猪心 1 个，灵芝 20 克，姜片适量，盐 5 克，麻油少许

做法

1. 猪心剖开，洗净，切片；灵芝去柄，洗净，切碎。
2. 猪心、灵芝同放于大瓷碗中，加姜片和清水 300 毫升，盖好盖。
3. 隔水蒸至熟烂，下盐、麻油调味即可。

食用宜忌

虚劳羸弱、食欲不振患者适合食用；灵芝柄较硬，且营养价值低，做汤时最好去除。

沙参玉竹煲猪肺

口味 咸鲜　　时间 3 小时

技法 煲　　功效 润肺止渴，养心安神

沙参、玉竹与猪肺同煲，对肺弱易咳的人非常有益。

原料

猪肺 500 克，北沙参、玉竹各 9 克，蜜枣 2 颗，姜 2 片，盐适量

做法

1. 沙参、玉竹洗净，沥干切段；猪肺切块；蜜枣洗净。
2. 把所有食材与姜片同放锅中，加水，煲沸后改中小火煲至汤浓，加适量盐调味即可趁热食用。

食用宜忌

身体虚弱、虚不受补、燥热者适合食用。猪肺一定要冲洗干净。

节瓜煲老鸭

口味 咸鲜　　时间 3 小时

技法 煲　　功效 养心神，益肾气

节瓜健脾，老鸭滋阴养胃，二者煲汤可以补益虚损。

原料

节瓜 200 克，山药 50 克，莲子 20 克，陈皮 2 片，老鸭半只，生姜片 5 克，盐适量

做法

1. 老鸭剖净，斩块，汆去血水，捞出；节瓜去皮，切厚块；山药、莲子、陈皮洗净。
2. 陈皮外的食材入煲，烧沸放陈皮，中火煲 3 小时调味。

食用宜忌

此汤老少皆宜；大便秘结者及患外感病前后慎食此汤。

黑豆乌鸡汤

口味 咸鲜　　时间 3 小时

技法 煲　　功效 补血养颜，养心安神

黑豆、乌鸡、何首乌、红枣煲汤可乌发、养心、补血。

原料

黑豆 150 克，何首乌 100 克，乌鸡 1 只，红枣 10 颗，姜 5 克，盐适量

做法

1. 乌鸡剖净；何首乌、红枣（去核）、生姜洗净，生姜刮皮切片；黑豆干炒至豆衣裂开，洗净，晾干备用。
2. 瓦煲加水烧沸，放食材和姜，煲 3 小时，加盐调味。

食用宜忌

适合身体虚弱的女性食用；在放入食材之前，需先将水烧沸。

清热解毒 体内热盛导致上火，进而出现便秘、咳嗽、咽喉痛、烦躁失眠等症。从中医上来讲，这是由人体里的阴阳失衡造成的。

桑枝绿豆鸡肉汤

口味 咸鲜　　时间 2小时

技法 煲　　功效 祛风湿，清热解毒

桑枝配绿豆可用于治疗风湿麻痹等症。

原料

桑枝10克，绿豆30克，鸡肉250克，生姜片、盐、味精各适量

做法

1. 将鸡肉洗净，斩块；桑枝、绿豆洗净。
2. 锅内烧水，水开后放入鸡肉汆水，捞出洗净。
3. 将桑枝、绿豆、鸡肉、生姜片同放瓦煲，大火烧开后转小火煲2小时，加盐、味精调味即可。

食用宜忌

特别适合狼疮病患者；绿豆忌与狗肉同食，否则会中毒。

西瓜鹌鹑汤

口味 清淡　　时间 2小时

技法 煲　　功效 清热解毒，祛湿消暑

西瓜含有大量葡萄糖、苹果酸、果酸、蛋白氨基酸，且清爽解渴，味道甘甜多汁，是清热解暑的佳品。

原料

西瓜500克，鹌鹑450克，蜜枣3颗，盐5克

做法

1. 西瓜连皮洗净，切成块状。
2. 蜜枣洗净；鹌鹑去毛、内脏，洗净。
3. 将清水1 800毫升放入瓦煲内，煮沸后加入以上食材，大火煲沸后改用小火煲2小时，加盐调味。

食用宜忌

适宜暑天热痱、湿疹、疮痈频生、咽痛口干、口渴心烦者食用；脾虚胃寒者慎服。

绿豆荷叶牛蛙汤

口味 清淡　　时间 1小时
技法 煲　　功效 清热解毒，消暑利湿

荷叶具有消暑利湿、健脾升阳、散淤止血的功效，可用于治疗暑热烦渴、头痛眩晕、水肿、损伤淤血等症。

原料

绿豆100克，荷叶150克，牛蛙500克，盐5克

做法

1. 绿豆泡软；荷叶洗净，切成条丝状；牛蛙去头、皮及内脏，洗净。
2. 将适量水放入瓦煲内，煮沸后加入以上食材，大火煲沸后，改用小火煲1小时，加盐调味即可。

食用宜忌

此汤对暑天湿热泻痢、疮疖肿毒、热痱频生等症有较好的食疗作用；脾虚、腹泻、咳嗽患者，身体虚弱且畏寒者不宜食用牛蛙。

冬瓜鱼尾汤

口味 咸鲜　　时间 2小时
技法 煲　　功效 平肝祛火，清热解毒

冬瓜含有丰富的蛋白质、碳水化合物、维生素以及矿物质元素等，其营养丰富而且结构合理，为有益健康的优质食物。

原料

冬瓜250克，草鱼尾250克，姜2片，油、盐各适量

做法

1. 将草鱼尾去鳞洗净，下油、盐、姜片，烧热锅，将鱼尾煎至两面黄色。
2. 冬瓜洗净，切成小块，与草鱼尾一起放入瓦煲里，加清水适量，用大火煮沸后改用小火煲2小时，加盐调味供食用。

食用宜忌

适宜虚劳、风虚头痛，肝阳上亢之高血压、头痛、久疟等患者食用；感冒者不宜食用。

南瓜大蒜牛蛙汤

口味 咸鲜　　时间 40分钟
技法 煲　　功效 化痰排脓，清热解毒

南瓜可以健脾、预防胃炎、防治夜盲症、润肺益气、化痰排脓、驱虫解毒，并有利尿、美容等作用。

原料

牛蛙250克，南瓜500克，大蒜60克，葱花15克，盐适量

做法

1. 牛蛙去内脏，剥皮，切块；大蒜去衣，洗净；南瓜洗净，切块。
2. 把牛蛙、南瓜、大蒜放入开水锅内，大火煮沸后，小火煲半小时，下葱花加盐调味即可。

食用宜忌

此汤适合肺痈属痰浊壅肺者食用，肺脓疡、支气管扩张、肺气肿等患者亦可用本汤治之；脾胃虚寒者应慎食，经常性腹泻和尿频者不宜食用。

干豆角煲鲩鱼尾

口味 咸香　　时间 1小时
技法 煲　　功效 消暑化湿，清热解毒

干豆角具有健脾益气、消暑化湿的功效，鲩鱼尾有平肝、祛风之效，二者合而为汤更可健脾益气、清热解毒。

原料

干豆角100克，鲩鱼尾1条，生姜3片，盐、食用油各适量

做法

1. 干豆角浸泡、洗净；鲩鱼尾洗净，抹干水，置油锅用小火煎至两面微黄，铲起。
2. 以上食材和生姜一起放进瓦煲内，加清水2 000毫升，大火煲沸后，改小火煲约1小时，加盐即可。

食用宜忌

此汤能辅助治疗肝阳上亢之头痛眼花，高血压患者也适宜食用；感冒者忌食。

黄瓜茯苓乌蛇汤

口味 咸鲜　　时间 3 小时
技法 煲　　功效 清热解毒，祛湿

黄瓜主要含有蛋白质、碳水化合物及多种维生素，可健脾清热、润燥生津、美容养颜。

原料

黄瓜 500 克，土茯苓 100 克，乌梢蛇 1 条，红豆 60 克，红枣 7 颗，生姜 30 克，盐适量

做法

1. 乌梢蛇剥皮，去内脏，放入开水锅内煮熟，取肉去骨。
2. 鲜黄瓜切块；土茯苓、红豆、生姜、红枣（去核）洗净，上述材料与蛇肉一起放入炖盅内，加清水适量，大火煮沸后，小火煲 3 小时，调味供用。

食用宜忌

适合湿热疮毒、阴痒、肠风脏毒患者食用；蛇是发物，有痼疾疮疡者不要食用。

板蓝根猪腱汤

口味 咸香　　时间 3 小时
技法 蒸　　功效 清热解毒，消痛散结

板蓝根具有清热解毒、凉血消斑、预防感冒、利咽止痛之效，做汤可增强机体免疫力。

原料

板蓝根 8 克，猪腱肉 100 克，蜜枣 2 颗，姜 1 片，盐适量

做法

1. 猪腱肉清洗干净，切成大片，备用。
2. 板蓝根片除去杂质等，用清水略微冲洗一下备用。
3. 猪腱肉与板蓝根、蜜枣、姜片一起放入炖盅内，用猛火隔水蒸 3 小时，至肉将熟时加入盐调匀即可，将汤保温至需饮用时随服。

食用宜忌

此汤适合风热、热毒症者食用。猪腱肉质嫩滑，经过炖煮后稍带肉质纤维，颇有嚼头，蘸点豉油来吃是不少男士的至爱。

鲤鱼苦瓜汤

口味 咸鲜　　时间 20 分钟

技法 煮　　功效 利水消肿，清热解毒

鲤鱼、苦瓜同煲利湿效果显著，适合夏季食用。

原料

净鲤鱼肉 400 克，苦瓜 250 克，醋、糖、盐、味精各适量

做法

1. 鲤鱼剖净切片；苦瓜去瓤、籽，汆烫，捞出，切片。
2. 汤锅放清水用大火烧开，放入鱼片及苦瓜片，加醋、糖、盐调味，再用小火煮 5 分钟，加味精即可起锅。

食用宜忌

适合水肿、腹胀、少尿、黄疸者食用；胃寒和慢性病患者忌食。

海带绿豆汤

口味 清香　　时间 30 分钟

技法 煮　　功效 清热解毒，凉血清肺

海带、绿豆合而为汤，可清热、除湿、疗疮除痘。

原料

海带 50 克，绿豆 30 克，杏仁 9 克，玫瑰花 6 克，红糖适量

做法

1. 绿豆搅成粉；海带切丝；杏仁、玫瑰花均洗净备用。
2. 锅里加水，放入杏仁、玫瑰花、绿豆粉，大火烧开转小火煮 20 分钟；放海带丝煮 5 分钟，加红糖调味。

食用宜忌

尤其适合火气大、长痘痘之人食用；胃寒、体虚者忌食。

海米冬瓜紫菜汤

口味 咸鲜　　时间 30 分钟

技法 烧　　功效 清热解毒，消肿排脓

此汤营养丰富，可化腐生肌，是调养机体的佳品。

原料

海米 15 克，冬瓜 400 克，紫菜 50 克，熟猪油 25 克，麻油 5 毫升，葱花 8 克，盐、鲜汤各适量

做法

1. 海米泡发；冬瓜去皮、去籽，切片；紫菜洗净。
2. 锅内放入鲜汤、熟猪油烧化后，加入冬瓜、海米、紫菜和盐，烧至冬瓜熟，加入葱花，淋入麻油即可。

食用宜忌

男女老少皆宜；脾胃虚寒者不宜过量食用。

丝瓜粉丝牛蛙汤

口味 咸鲜　　时间 1 小时
技法 煮　　功效 清热解毒，养心补气

丝瓜能保护皮肤、消除斑块，牛蛙营养价值很高，有滋补解毒的功效，二者同食效果更好。

原料

丝瓜 450 克，粉丝 50 克，牛蛙 400 克，花生油 5 毫升，生粉 3 克，味精 1 克，姜丝、糖、盐各 5 克

做法

1. 丝瓜去皮，切成块状；粉丝洗净泡发。
2. 牛蛙去皮、内脏，洗净，斩块，用花生油、姜丝、生粉、糖、盐、味精调味，腌 30 分钟。
3. 瓦煲加水，煮沸放入粉丝、丝瓜，煮至丝瓜熟后，放入牛蛙，小火将牛蛙煮熟，加盐调味即成。

食用宜忌

此汤是夏天清凉解暑的家常靓汤，尤其适合暑天烦渴、尿少者食用；脾胃虚寒者慎用。

翠玉蔬菜汤

口味 清淡　　时间 30 分钟
技法 煮　　功效 清热解毒，去火下燥

蔬菜含有人体必需的多种维生素和矿物质，如维生素 A、维生素 C、类胡萝卜素等，可清热解毒，有效预防慢性病。

原料

西瓜皮、丝瓜各 100 克，黄豆芽 30 克，板蓝根 8 克，天门冬、薏米各 10 克，嫩姜丝 3 克，盐适量

做法

1. 取丝瓜白肉部分切片；将西瓜皮去除白肉部分，取翠绿部分切丝；黄豆芽洗净，去除根须备用。
2. 全部药材放入布袋，与适量水置锅中，加热至沸 2 分钟后关火，滤取药汁备用。
3. 将药汁和泡好的薏米放入锅中，加入西瓜皮、丝瓜片和黄豆芽、姜丝煮沸，加盐后拌匀即可。

食用宜忌

火气旺盛者最宜饮用；体虚者慎用。

南瓜绿豆汤

口味 清淡　　时间 40 分钟
技法 煮　　功效 清热解毒，利水消肿

南瓜能润肺益气、驱虫解毒，绿豆可消暑解毒，二者同食可补充营养、增强体力。

原料

绿豆 30 克，南瓜 50 克，盐少许

做法

1. 先将干绿豆去沙洗净，趁水未干时加入盐少许，拌匀，略腌 3 分钟后用清水冲干净。
2. 南瓜去皮、去籽，用清水洗干净，切成 2 厘米见方的块待用。
3. 锅内放清水，置火上烧沸后，先下绿豆煮沸 2 分钟，淋入少许凉水，再沸，将南瓜块下锅，盖上盖，用小火煮沸约 30 分钟，至绿豆开花即可。

食用宜忌

适宜食欲不振、食后腹微胀、体倦乏力、头目眩晕、胸闷不舒的高脂血症患者食用；脾胃虚寒者慎用。

小白菜番茄清汤

口味 清淡　　时间 20 分钟
技法 煮　　功效 生津止渴，清热解毒

小白菜含有丰富的钙、磷、铁等微量元素，矿物质和维生素含量也高，可以清热去火、生津止渴，搭配番茄煮汤，既营养又美味。

原料

小白菜 200 克，番茄 100 克，盐少许，植物油适量

做法

1. 小白菜洗净，切丝；番茄洗净，切成块。
2. 锅中加水 1 000 毫升，开中火待水沸后，将处理好的小白菜、番茄放入，续沸后再以盐、植物油调味即可。

食用宜忌

一般人都可食用，动脉硬化、高血压和冠心病患者尤其适合食用；番茄不宜煮太久。

北沙参玉竹老鸽汤

口味 咸鲜　　时间 1小时
技法 煨　　功效 滋阴益气，清热解毒

北沙参能补肺阴、清肺热，与有养阴润燥、除烦止渴功效的玉竹煲老鸽，可生津润燥。

原料
光鸽1只，北沙参、玉竹各20克，麦冬15克，姜片5克，盐少许

做法
1. 鸽子斩成四大块，放进开水锅内焯过，洗去血水，沥干待用。
2. 将鸽肉和北沙参、玉竹、麦冬、姜片一同放进砂锅内，注入清水，加盖，用小火煨约60分钟至肉熟汤浓，调味即成。

食用宜忌
此汤适宜气阴两伤、体质虚弱、倦怠乏力、口干舌燥，或肺阳不足之短气干咳者食用；感冒发热、胃有寒湿者不宜饮用本汤。

洋葱红豆汤

口味 咸鲜　　时间 30分钟
技法 炒、煮　　功效 降压去湿，清热解毒

洋葱肥大的鳞茎中含糖8.5%、干物质9.2%，洋葱含维生素A、维生素C、钙、磷、铁，还含有18种氨基酸，是不可多得的保健食品。

原料
洋葱50克，红豆100克，核桃仁50克，食用油25毫升，面粉、红辣椒、盐、味精、香菜各适量

做法
1. 将洋葱、红辣椒洗净，切成细丝；香菜洗净，切成小碎段；将红豆煮酥。
2. 锅烧热加油，待油温五成热时，倒入洋葱煸香，放入红辣椒、面粉拌匀炒2分钟，然后倒入红豆，加核桃仁、盐，再煮片刻，加味精，撒上香菜末即成。

食用宜忌
老少皆宜；吃猪肉不可加香菜，否则易助热生痰。

芦根车前汤

口味 咸鲜　　时间 1小时
技法 煲　　功效 除烦利尿，清热生津

芦根、车前草二者同食，清热解毒效果更好。

原料

猪瘦肉500克，芦根、桃仁各20克，车前草15克，盐、生姜片各适量

做法

1. 将中药材洗净；猪瘦肉切块汆水。
2. 将各药材及生姜片、瘦肉放入煲内，加开水，大火烧开改小火煲1小时，汤成后去药渣，调味即可。

食用宜忌

此汤一般人都可以食用；平素脾胃虚弱、腹泻便溏之人忌食。

马齿苋杏仁瘦肉汤

食用宜忌

一般人皆可食用；脾胃虚寒、肠滑泄泻者不宜食用马齿苋。

口味 清苦　　时间 2.5小时
技法 煲　　功效 清热解毒，祛湿止咳

马齿苋含有多种营养成分，有很好的清热解毒功效。

原料

马齿苋50克，杏仁10克，猪瘦肉150克，盐适量

做法

1. 马齿苋洗净；猪瘦肉洗净，切块，放入锅中飞水；杏仁洗净。
2. 将所有食材一起放入炖锅内，加清水适量。
3. 大火煮沸后改小火煲2小时，加盐调味即可。

海带绿豆排骨汤

口味 清淡　　时间 3小时
技法 煲　　功效 清热解毒，醒酒消疮

海带、绿豆与排骨同煲，既美味又营养。

原料

海带20克，绿豆50克，排骨500克，蜜枣5颗，盐5克

做法

1. 海带、绿豆各泡发；排骨斩块，飞水；蜜枣洗净。
2. 瓦煲加水煮沸后加入以上食材，大火煲滚后改小火煲2小时，加盐调味即可。

食用宜忌

烟酒过量、疮疖频生者可多食用本汤；脾胃虚寒者不宜食用。

冬瓜排骨汤

口味 咸鲜　　时间 1.5 小时
技法 炖　　功效 补血安神，清热解毒

排骨可为人体提供钙质；冬瓜含蛋白质、碳水化合物、钙、磷、铁及多种维生素，特别是维生素 C 含量丰富。

原料

排骨 200 克，冬瓜 300 克，生姜、盐各适量

做法

1. 排骨洗净斩块，以滚水煮过，备用；冬瓜去子，洗净后切块状；生姜洗净，切片或拍松。
2. 排骨、生姜同时下锅，加清水，以大火烧开后转小火炖约 1 小时，加入冬瓜块，继续炖至冬瓜块变透明，调味即可。

食用宜忌

对痘疮肿痛、口渴不止、痔疮便血、小便不利、暑热难消等症患者有辅助治疗功效；脾胃虚寒者宜少食本汤。

鱼腥草绿豆猪肚汤

口味 咸鲜　　时间 2.5 小时
技法 煲　　功效 清热解毒，消暑解压

鱼腥草味辛、性微寒，具有清热解毒、消痈排脓、利尿通淋的功效，可用于治疗肺热咳嗽、疮疡肿毒、湿热淋证等。

原料

鱼腥草（干）15 克，绿豆 50 克，猪肚 200 克，生姜片、盐各适量

做法

1. 鱼腥草洗净；绿豆洗净泡发；猪肚洗净，切块，飞水。
2. 鱼腥草、绿豆、猪肚及生姜片一起放入煲内，加适量开水，大火烧开改小火煲 2 小时，调味即可。

食用宜忌

此汤可用于慢胜肾炎、慢性肝炎、肺气肿及肺心病等慢性消耗性疾病的辅助治疗；虚寒体质者不宜食用本汤。

鲤鱼炖冬瓜

口味 咸鲜　　时间 2小时
技法 煎、炖　　功效 清热解毒，化痰利尿

冬瓜配鲤鱼炖汤，有补脾益胃、利水消肿的功效。

原料

鲤鱼1条，冬瓜200克，香菜25克，葱段、姜片、盐、料酒、胡椒粉、高汤、食用油各适量

做法

1. 鲤鱼花刀；冬瓜去瓤切片；鲤鱼煎黄，取出。
2. 以葱段、姜片炝锅，烹料酒，放鲤鱼、高汤、冬瓜片、盐，烧开后改小火，放胡椒粉、香菜即可。

食用宜忌

一般人皆可食用；鲤鱼宰杀时应将鱼肉中的两根白筋去掉。

粉葛银鱼汤

口味 咸鲜　　时间 2.5小时
技法 煮　　功效 清热解毒，祛风湿

粉葛、银鱼同煲汤有解毒、润肠、泻火的功效。

原料

银鱼干200克，粉葛500克，乌梅7颗，盐适量，生姜片8克

做法

1. 粉葛去皮切块；乌梅去核；银鱼干泡发沥干水。
2. 把粉葛、银鱼、生姜、乌梅一起放入锅内，加水以大火煮沸改小火煮2小时，汤成后调味。

食用宜忌

一般人皆可食用；乌梅一定要去核，疗效才会更好。

薏米牛蛙汤

口味 清淡　　时间 3小时
技法 煲　　功效 清热解毒，醒酒消疮

薏米清热利湿，与牛蛙同煲汤，利水消肿效果显著。

原料

薏米、白术各15克，芡实150克，牛蛙2只，盐4克

做法

1. 牛蛙去皮斩块，放入沸水汆烫，捞起冲净。
2. 薏米、芡实与白术一起放入煲中，加水以大火煮沸转小火煮30分钟转中火，加入牛蛙，待汤沸腾，加盐调味。

食用宜忌

适宜排尿不畅、水肿虚胖之人食用；薏米滑胎，孕妇忌食。

第四章

分清体质
喝对汤

所谓体质，是指人的生命过程中，在先天禀赋和后天获得的基础上，逐渐形成的形态结构、生理功能、物质代谢和性格心理等方面的一些特质。不同体质的人适用不同的养生方法，不可能所有的人都按照相同的方法养生保健。喝汤养生也要遵从此理，因体质而异。

平和体质 平和体质是以体态适中、精力充沛、脏腑功能状态强健为主要特征的体质。一般来说，平和体质者先天条件良好，后天调养得当即可。

灵芝乌鸡汤

口味 咸鲜　　时间 4小时
技法 炖　　功效 扶正固本，增强免疫力

灵芝可嫩肤美容、促进血液循环，乌鸡可滋阴清热、健脾止泻，二者煲汤可增强人体免疫力。

原料

灵芝20克，红枣10颗，乌鸡1只，生姜5克，盐少许

做法

1. 乌鸡剖净切块；灵芝洗净；红枣去核；生姜去皮、切片。
2. 将以上食材放入炖盅内，加冷开水，盖上炖盅盖，放入锅内，隔水炖4小时，加盐调味即可。

食用宜忌

适宜病后体虚者和产后女性；感冒、咳嗽者忌食。

柴胡肝片汤

口味 咸鲜　　时间 30分钟
技法 煮　　功效 清肝明目，消除眼疲劳

柴胡能降温清热、疏肝解郁，与猪肝同煲汤，既能养眼护肝，又能提高免疫力，消除身体亚健康状态。

原料

柴胡15克，猪肝200克，菠菜100克，生粉5克，盐3克

做法

1. 柴胡加水1 500毫升，大火煮开后转小火熬20分钟，去渣留汤；菠菜去根洗净，切小段。
2. 猪肝洗净，切片，加生粉拌匀。
3. 将猪肝加入柴胡汤中，转大火，下菠菜，等汤再次煮沸，加盐调味即可。

食用宜忌

一般人都适宜食用；高胆固醇血症、肝病、高血压和冠心病患者应少食。

菠菜猪肝汤

口味 咸鲜　　时间 30 分钟
技法 煮　　功效 强身补虚，增强记忆力

菠菜能改善缺铁性贫血，猪肝有养血补肝、明目的作用，二者同食营养价值更高，可促进人体新陈代谢，有利生长发育。

原料

猪肝 100 克，鸡蛋 2 个，竹笋 25 克，黑木耳（干）15 克，菠菜 50 克，清汤、盐、酱油各适量

做法

1. 猪肝洗净切片；竹笋泡发洗净，切丝；黑木耳泡发，切细丝；菠菜洗净，切段。
2. 将适量清汤、猪肝、笋丝、黑木耳丝、菠菜段一起放入锅里，以大火烧开后加酱油、盐，将鸡蛋打散淋入即成。

食用宜忌

老少皆宜；胆固醇高及血脂高者慎食。

菠菜银耳汤

口味 咸鲜　　时间 30 分钟
技法 煮　　功效 滋阴养血，强身健体

菠菜含有丰富的维生素及钙和铁质，银耳具有清肺热、益气补脾的功效，二者煲汤具有滋阴润燥、养肝明目、生津止渴的功效。

原料

菠菜 150 克，银耳 20 克，香葱 15 克，味精、盐、麻油各适量

做法

1. 将菠菜洗净，切段，用开水焯一下；银耳浸泡至发软，摘成小朵；香葱去根须洗净，切成细末。
2. 锅内放入银耳，倒入适量清水，用大火煮沸后再加菠菜煮沸，加入盐、味精、香葱末，淋上麻油即成。

食用宜忌

老少皆宜；菠菜要入沸水中焯水，否则会有涩味。

气虚体质 气虚体质是以气虚体弱、脏腑功能状态低下为主要特征的体质状态。气虚体质者平时应该多吃性平偏温、具有益气补脾作用的食物。

白果薏米猪肚汤

口味 清淡　　时间 50 分钟
技法 蒸　　功效 润肺健脾，祛湿利尿

猪肚是补益脾胃的佳品，白果益肺气、治咳喘，薏米健脾利湿、清热排脓，三者同食，可健脾开胃、祛湿消肿。

原料

猪肚 200 克，白果、薏米各 30 克，姜片适量

做法

1. 猪肚洗净汆水，切条；白果浸泡数次；薏米洗净。
2. 所有食材放入炖盅内，加上姜片，上笼蒸 40 分钟即可。

食用宜忌

适宜体弱气虚、大便脱肛之人食用；外感不清、脾虚滑泻者忌食。

黑木耳红枣瘦肉汤

口味 清淡　　时间 2 小时
技法 炖　　功效 健脾补气，美容护肤

黑木耳凉血止血，红枣健脾益气，猪瘦肉益气养血、健脾补肺，三者合用，可起健脾补气、美容护肤之效。

原料

泡发黑木耳 50 克，红枣 10 颗，猪瘦肉 300 克，盐适量

做法

1. 将红枣（去核）浸开，洗净；黑木耳洗净。
2. 猪瘦肉洗净，切片。
3. 将黑木耳和红枣置于瓦煲内，加清水适量，小火炖开后调入猪瘦肉，煲至肉熟，调味即可。

食用宜忌

此汤适合气虚血淤诸症患者食用；有出血性疾病及孕妇不宜吃黑木耳。

党参山药猪肉汤

口味 清淡　　时间 3 小时
技法 煲　　功效 补气健脾，补虚养血

党参、山药同煲汤，非常适合气虚之人食用。

原料

猪腱肉 500 克，党参、山药各 30 克，莲子 60 克，红枣 8 颗，盐适量

做法

1. 山药洗净去皮切块；莲子（去心）洗净浸泡半小时；党参、红枣（去核）洗净；猪腱肉切块。
2. 全部食材放锅内，加水煮沸转小火煲 2~3 小时调味。

食用宜忌

此汤适合脾胃气虚及食欲不佳的小儿食用；感冒发热者不宜食用。

芡实老鸽汤

口味 咸鲜　　时间 3.5 小时
技法 煲　　功效 补气健脾，补虚益气

芡实、鸽肉同煲汤，补而不燥，有利平补脾胃。

原料

老鸽 1 只，猪瘦肉 300 克，山药 60 克，芡实 30 克，桂圆肉 15 克，生姜 3 片，盐适量

做法

1. 老鸽剖净；猪瘦肉切块，与鸽肉一起汆水，捞出沥干。
2. 山药、芡实、桂圆肉、姜片洗净，与鸽肉、猪瘦肉同放煲里加水以大火煮沸后，改小火煲 3 小时，调味。

食用宜忌

适宜脾胃气虚和心悸失眠者食用；湿热泄泻或实证水肿者不宜用。

参芪兔肉汤

口味 咸鲜　　时间 2.5 小时
技法 煲　　功效 补气健脾，消除疳积

黄芪、党参与兔肉同煲，有很好的滋补效果。

原料

兔肉 200 克，黄芪、党参各 30 克，红枣 5 颗，盐适量

做法

1. 兔肉斩块，洗净。
2. 黄芪、党参、红枣（去核）洗净，与兔肉一起放入锅内，加清水适量，大火煮沸后，小火煲 2 小时，加盐调味即可。

食用宜忌

此汤适合病后失调、脾胃气虚者食用；可用雪蛤或牛蛙代替兔肉。

胡萝卜瘦肉生鱼汤

口味 咸鲜　　时间 2.5 小时
技法 煲　　功效 清补益气，健脾化滞

胡萝卜、猪瘦肉、生鱼同食，补气、祛湿效果好。

原料

生鱼、胡萝卜各 500 克，猪瘦肉 100 克，红枣 10 颗，陈皮 1 小片，盐、食用油各适量

做法

1. 胡萝卜去皮切厚片；红枣（去核）、陈皮洗净；猪瘦肉切块；生鱼去鳞、鳃、肠脏，下油锅稍煎黄。
2. 全部食材放入开水锅，煮沸改小火煲 2 小时调味。

食用宜忌

此汤尤适合脾胃气虚、病后或术后体弱、食欲欠佳之人食用。

枸杞炖乌鸡

口味 咸鲜　　时间 2 小时
技法 蒸　　功效 温补气血，润肤养颜

乌鸡含有多种营养素，是价值极高的滋补品。

原料

乌鸡 1 只，枸杞 20 克，葱段、姜片、料酒、盐、胡椒粉各适量

做法

1. 乌鸡剖净，放入开水锅中汆烫，洗净血沫；枸杞洗净。
2. 将乌鸡、枸杞、葱段、姜片、料酒、胡椒粉放入炖盅内，加水蒸 2 小时；待乌鸡肉炖烂后，加入盐调味即可。

食用宜忌

此汤适宜面色苍白、气虚乏力、睡眠不足、易感冒者食用。

鸡爪猪骨汤

口味 咸鲜　　时间 2.5 小时
技法 煲　　功效 补气血，健身驻颜

鸡爪营养价值颇高，具有软化血管和美容之效。

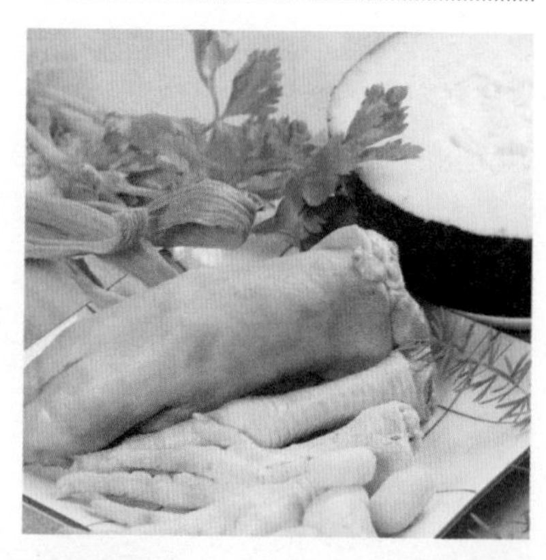

原料

马蹄 200 克，猪骨、冬瓜各 250 克，猪蹄 500 克，鸡爪 4 个，腐竹、芹菜各少许，白胡椒、盐、糖各 3 克

做法

1. 先用马蹄、白胡椒、冬瓜熬汤；猪骨、猪蹄汆水。
2. 水烧沸后放入鸡爪、猪骨及猪蹄，小火煲 2 小时。
3. 放芹菜及腐竹，小火煲半小时，放入糖及盐即可。

食用宜忌

此汤特别适宜气血不足、身体虚弱的人食用。

阳虚体质 阳虚体质是指人体的阳气不足，出现畏寒、四肢不温等一系列的阳虚症状。阳虚体质的人可以多食用温热之性的食物。

羊肉清汤

口味 咸鲜　　时间 1小时
技法 煲　　功效 御寒，补元气

羊肉有保护胃壁、帮助消化、补肾壮阳之效。

原料

羊肉600克，竹笋3个，葱3根，姜4片，料酒5毫升，盐适量

做法

1. 羊肉切块汆水；取笋肉切角块；葱打结；姜拍裂。
2. 水烧开，下食材及料酒，加盖，大火烧约15分钟，改中火煲约30分钟，再用小火煲至羊肉和笋均酥软，加盐调味即可。

食用宜忌

适宜肾阳虚所致心悸、畏寒、手足不温、腰膝酸软、关节冷痛之人食用。

冬瓜香菇汤

口味 咸鲜　　时间 30分钟
技法 烧　　功效 清热化痰，利尿消肿

此汤有清热补虚、减肥消脂、健身强体的功效，非常适合春季减肥及有积热者食用。

原料

冬瓜400克，水发香菇100克，盐4克，味精2克，葱末5克，麻油、食用油各适量

做法

1. 将冬瓜去皮、去瓤，切成长方片。
2. 将香菇洗净，切成半圆片。
3. 锅中放油烧热，下葱末煸出香味，加适量水，放香菇，烧开后放冬瓜片；待冬瓜熟烂，加入盐、味精、麻油调味。

食用宜忌

此汤尤其适宜阳虚水肿、脾虚便溏者食用；脾胃寒者宜少食。

参茸鸡肉汤

口味 咸鲜　　时间 3 小时
技法 炖　　功效 滋阴补阳，补血益气

高丽参、鹿茸与鸡肉同煲，可辅助治疗元气虚弱等症。

原料
高丽参 5 克，鹿茸 3 克，鸡肉 100 克，盐、味精各适量

做法
1. 高丽参洗净，切片；鹿茸洗净；鸡肉洗净，切粒。
2. 将高丽参片、鸡肉粒与鹿茸片放入炖盅内，加适量开水，炖盅加盖，小火隔水炖 3 小时，加盐、味精调味即可食用。

食用宜忌
用于元气虚极、肾阳虚衰者，症见畏寒肢冷、阳痿早泄、宫冷不孕、小便频数、腰膝酸痛；此汤大补元气、温肾壮阳，建议阳火旺盛者不要饮用。

补骨脂瘦肉汤

口味 咸鲜　　时间 1.5 小时
技法 煲　　功效 补肝肾，强筋骨

此汤有补肾延寿、美发养颜之效，主要用于未老先衰、须发早白、头晕耳鸣、腰膝酸软、小便余沥等症。

原料
猪瘦肉 200 克，补骨脂 10 克，菟丝子 15 克，红枣 4 颗，生姜片、盐各适量

做法
1. 补骨脂、菟丝子洗净；猪瘦肉切块；红枣洗净。
2. 锅内烧水，水开后放入猪瘦肉飞水，再捞出洗净。
3. 将药材及生姜片、红枣、猪瘦肉一起放入瓦煲内，加适量清水，大火煲滚后用小火煲 1 小时，加盐调味即可。

食用宜忌
一般人都可食用，特别适合肾阳虚者；阴虚火旺、大便燥结者不宜饮用。

猪肚三神汤

口味 咸香　　时间 3小时
技法 炖　　功效 益肾固精，养血安神

猪肚不仅可以用来烹制各种美食，还具有补中益气、补肾填精等功效，对虚劳羸弱、血脉不行、精血不足等症有很好的食疗效果。

原料

莲子50克，芡实50克，山药50克，益智仁50克，猪肚700克，盐适量

做法

1. 将益智仁煎汤，去渣。
2. 将莲子、芡实、山药泡入益智仁汤中2小时，再装入洗净的猪肚内。
3. 猪肚放入炖锅中，加适量水用小火炖3小时，加盐调味即可。

食用宜忌

适合肾阳虚衰者饮用。

黑豆狗肉汤

口味 咸鲜　　时间 4小时
技法 煲　　功效 补中益气，温肾助阳

此汤滋阴补肾、祛风助阳，可用于治疗动脉硬化、疲劳综合征、神经衰弱、阳痿、早泄、性欲低下等。

原料

黑豆100克，狗肉500克，生姜4片，盐适量

做法

1. 将黑豆洗净，用清水浸泡2小时，备用。
2. 将狗肉洗净，切块。
3. 将全部食材与姜片放入瓦煲内，加清水适量，大火煮沸后，小火煲2小时，加盐调味即可食用。

食用宜忌

适合老年阳虚便秘者食用；寒冷的冬天，用狗肉加辣椒红烧，经常食用，可使老年人增强抗寒能力。

阴虚体质 阴虚是指精血或津液亏损。阴虚证多源于肾、肺、胃或肝的不同症状，应根据不同的阴虚症状对症调理。

黄豆猪骨汤

口味 咸鲜　　时间 2.5 小时
技法 煲　　功效 健脾养血，养阴除烦

黄豆和猪脊骨均含有丰富的营养，二者煮汤具有壮腰膝、益力气、补虚弱、强筋骨的功效。

原料
水发黄豆 90 克，蚝豉 60 克，猪脊骨 250 克，盐适量

做法
1. 将水发黄豆、蚝豉洗净；猪脊骨洗净，斩块。
2. 把全部食材一起放入锅内，加适量清水，大火煲沸后转小火煲 2 小时至猪骨熟，加盐调味即可。

食用宜忌
此汤适合阴虚烦热型甲状腺癌患者；严重消化不良性溃疡者忌食。

玄参瘦肉汤

口味 甘甜　　时间 3.5 小时
技法 煲　　功效 滋阴增液，凉血止血

玄参泻火解毒、清热养阴，麦冬清热养阴、清心除烦，二者一同煲汤，滋阴泻火之力较强。

原料
玄参、麦冬各 20 克，生地 50 克，猪瘦肉 500 克，蜜枣 5 颗，盐 3 克

做法
1. 玄参、生地、麦冬洗净。
2. 猪瘦肉洗净，切块，飞水；蜜枣洗净。
3. 瓦煲内加清水 2 000 毫升，煮沸后加入所有食材，大火煲滚后改小火煲 3 小时，加盐调味。

食用宜忌
适宜咳痰带血、口舌干燥、大便秘结者；胃寒、脾虚泄泻者慎服。

沙参玉竹老鸭汤

口味 咸鲜　时间 2.5 小时
技法 煲　功效 滋阴清补，平胃消食

鸭肉中的脂肪酸溶点低，易于消化；能有效抵抗脚气病、神经炎和多种炎症，还能抗衰老；对心肌梗死等心脏疾病患者有保护作用。

原料

光老鸭 1 只（约 600 克），北沙参 15 克，玉竹 15 克，生姜 2 片，盐适量

做法

1. 北沙参、玉竹洗净；老鸭洗净，斩块。
2. 把全部食材放入锅内，加清水适量，大火煮沸后，转小火煲 2 小时，调味供用。

食用宜忌

此汤适合病后体虚或糖尿病属阴虚者食用；感冒发热或痰湿内盛者不宜食用本汤。

桂圆鸡蛋汤

口味 清淡　时间 30 分钟
技法 炖煮　功效 补心脾，滋阴降火

桂圆、鸡蛋做汤具有补心安神、益脾增智、强身健脑的功效，对身体虚弱、心悸、失眠或吃得少以致瘦弱、容易健忘者有很好的治疗作用。

原料

桂圆肉 50 克，鸡蛋 2 个，盐适量

做法

1. 取洁净桂圆肉置于陶瓷煲中，加入适量水，小火炖煮 30 分钟。
2. 再加入打碎调匀的鸡蛋，加热 1 分钟，调入少许盐即成。

食用宜忌

此汤适合倦怠乏力、心悸怔忡、思虑过度者食用。注意：患有肾脏疾病的人应慎食鸡蛋。

海参汤

口味 咸鲜　　时间 1.5 小时
技法 煲　　功效 滋阴降火，补中益气

海参是高蛋白、低脂肪、低胆固醇食物，其含有的水溶性蛋白质极易被人体消化吸收，具有补肾壮阳、通肠润燥、益气补阴的功效。

原料

海参 200 克，山药 10 克，枸杞 10 克，桂圆肉 10 克，高汤 500 毫升，盐 3 克，味精 4 克，胡椒粉 3 克

做法

1. 山药、枸杞、桂圆肉一起泡发洗净。
2. 海参泡发，切段。
3. 将上述所有食材加高汤放入炖锅中，煲 1 小时后加盐、味精、胡椒粉调味即可。

食用宜忌

一般人皆可食用，是强身健体、延缓衰老的佳品；海参一般要泡发 12 小时以上。

绿豆百合汤

口味 清甜　　时间 1.5 小时
技法 煮　　功效 清热解毒，消暑养颜

此汤清热解毒、安神润肺的功效非常显著，适合暑热的夏季食用。

原料

绿豆 200 克，干百合 100 克，冰糖 20 克

做法

1. 绿豆淘洗干净，除去杂质，加清水熬煮或放入电锅蒸煮；干百合泡发洗净。
2. 待绿豆煮至七分熟时放入百合，用大火煮沸后改用中小火熬煮至绿豆绽开，百合瓣也熟透，加冰糖，续沸 10 秒后熄火，盖上盖子再闷一会儿即可食用。

食用宜忌

此汤一般人皆可食用；脾胃虚寒之人不宜常食此汤。此外，煮好的百合放置久了很容易发酸，因此不可久置。

湿热体质 湿热体质的人，易受湿邪、热邪侵袭，或受湿久留不除而化热，其养生重在疏肝利胆、祛湿清热，饮食以清淡为主。

薏米绿豆老鸭汤

口味 清淡　　时间 2.5 小时

技法 煮　　功效 清热消暑，健脾益胃

绿豆有解毒消肿、清热解暑之效，老鸭可滋补五脏、补血行水，二者同煲汤可有消暑、健脾的功效。

原料

薏米、绿豆各 40 克，老鸭半只，陈皮 2 片，盐适量

做法

1. 老鸭切块汆水；陈皮浸软；薏米、绿豆洗净泡发。
2. 煲内加水煮沸后放入所有食材，大火煮 20 分钟。
3. 再改用小火熬煮 2 小时，下盐调味即可。

食用宜忌

适合体质偏热的人食用；虚寒体质者不适宜长期服用此汤。

土茯苓瘦肉煲甲鱼

口味 咸鲜　　时间 1.5 小时

技法 煲　　功效 清热解毒，健脾胃

土茯苓性味甘淡，有清热解毒、祛风通络、利湿泄浊等功效，适用于痛风等症的防治。

原料

土茯苓 50 克，甲鱼 1 只，龙骨、猪瘦肉各 100 克，姜、葱各 10 克，盐 3 克，鸡精、胡椒粉各 2 克，食用油适量

做法

1. 土茯苓、姜切片；甲鱼汆烫，斩块；龙骨、猪瘦肉切块；葱切段。
2. 油锅爆香姜、葱，炒香猪瘦肉、龙骨加水以大火煮开，撇去浮沫，转入瓦煲，加入土茯苓、甲鱼。
3. 大火煮开后转用小火煲 60 分钟，调味即可。

食用宜忌

适宜阴虚湿热未清者食用；虚胖、胃口差、孕妇等忌食甲鱼。

黄豆排骨汤

口味 咸鲜　　时间 2 小时
技法 煲　　功效 除湿热，祛湿气

黄豆健脾养血，排骨健脑，二者合用可健脑益神。

原料

黄豆 100 克，排骨 250 克，盐适量

做法

1. 黄豆浸泡 15 分钟后洗净；排骨洗净后用少许盐腌渍半小时，然后斩块。
2. 将排骨放入煲中，加入黄豆、适量水，用小火煲约 2 小时，等黄豆熟后加盐调味即可。

食用宜忌

此汤尤其适合胃肠燥结者食用；黄豆不宜多食。

荞麦白果乌鸡汤

口味 咸鲜　　时间 3 小时
技法 炖　　功效 清热祛湿，健脾止滞

荞麦具有健胃、消积、止汗等功效。

原料

乌鸡肉 500 克，荞麦、白果各 100 克，芡实 60 克，车前子 30 克，生姜 2 片，红枣 5 颗，盐适量

做法

1. 荞麦、芡实、车前子、生姜、红枣（去核）洗净；白果去壳取肉；鸡肉切块。
2. 把全部食材放入炖盅，加水炖 3 小时，加盐调味供用。

食用宜忌

此汤适合脾虚带下者及子宫内膜炎、阴道炎患者食用。

节瓜薏米鳝鱼汤

口味 清香　　时间 2.5 小时
技法 煲　　功效 清热祛湿，缓和拘挛

薏米、节瓜、鳝鱼同煲，既营养美味，又可除湿止挛。

原料

鳝鱼 250 克，节瓜 200 克，薏米 60 克，芡实 30 克，水发香菇 15 克，生姜 4 片，盐适量

做法

1. 鳝鱼剖净，稍煮后过冷水；节瓜刮皮切大块；生姜、薏米、香菇、芡实洗净。
2. 把全部食材放入开水锅内，煮沸后煲 2 小时调味。

食用宜忌

此汤用于湿热下注之带下、湿疹等症；忌狗肉与鳝鱼同食。

豆腐鳝鱼汤

口味 咸鲜　　时间 1小时
技法 煲　　功效 清热利湿，提高视力

鳝鱼补虚壮阳，与豆腐煲汤，既美味又营养。

原料

鳝鱼500克，豆腐250克，盐适量

做法

1. 鳝鱼剖开去内脏，斩段，放入煲里，加水适量，用小火煲。
2. 鳝鱼煲至五成熟时加入豆腐，小火煲半小时，加盐调味供用。

食用宜忌

此汤适宜小便不利、水肿、湿热、黄疸者食用。

参须枸杞炖墨鱼

口味 咸鲜　　时间 2.5小时
技法 炖　　功效 温补虚损，祛除湿热

参须、枸杞与墨鱼同炖，对老年人及久病体虚者有益。

原料

参须15克，枸杞10克，墨鱼500克，盐5克

做法

1. 墨鱼斩段，氽烫去腥味，捞起冲净，放入炖盅。
2. 撒上参须，加水盖过食材，炖盅放入加水的电锅。
3. 隔水炖2小时，放枸杞继续炖约30分钟，加盐调味。

食用宜忌

适宜老年人、体弱病虚者及孕妇食用；肾功能衰竭者忌食。

土茯苓绿豆老鸭汤

口味 咸鲜　　时间 4小时
技法 煲　　功效 清热除湿，解毒润燥

土茯苓、绿豆、老鸭同用有很好的抗湿热作用。

原料

土茯苓30克，绿豆50克，老鸭1只，盐4克，生姜片10克

做法

1. 土茯苓、绿豆泡发；老鸭剖净，斩块。
2. 将所有食材和生姜片一起放入瓦煲内，加水以大火煮沸后改小火煲3小时，加盐调味。

食用宜忌

适宜在春末夏初时食用；脾胃虚寒、慢性胃炎者忌食。

痰湿体质 当人体脏腑、阴阳失调，易形成痰湿时，便为痰湿体质。痰湿体质者养生重在祛除湿痰、畅达气血。

生菜猪胰汤

口味 咸鲜　　时间 1小时

技法 蒸　　功效 除心火，健肺祛痰

猪胰益肺润燥；猪瘦肉滋阴润燥，合而为汤，共同起到滋液润燥、止咳、去烦闷之效。

原料

生菜600克，猪胰、猪瘦肉各200克，蜜枣4颗，新鲜鸭肫2个，姜3片，盐5克，油适量

做法

1. 生菜洗净；猪胰略烫，刮去白膜洗净。
2. 蜜枣洗净；鸭肫剖开，去黄衣，用盐、油擦匀。
3. 把所有食材和姜一同放入炖盅内，蒸1小时，最后放入盐调味即可。

食用宜忌

此汤适合呼吸系统有疾患者食用；脾胃虚寒者忌食。

白果脊骨汤

口味 咸鲜　　时间 3小时

技法 煲　　功效 健脾利湿，化痰

白果含有丰富的营养素，具有抑菌杀菌、祛疾止咳、降低血清胆固醇等功效。

原料

桑白皮、白果各20克，茯苓40克，猪脊骨600克，盐5克

做法

1. 桑白皮、茯苓洗净，浸泡1小时。
2. 白果去壳、去衣及心；猪脊骨斩块，汆水。
3. 将清水2 000毫升放入瓦煲内，煮沸后加入以上食材，大火煲沸后改用小火煲3小时，加盐调味即可。

食用宜忌

此汤尤适宜上呼吸道感染或支气管炎后期等症患者饮用。

红豆鲫鱼汤

口味 咸鲜　　时间 1小时

技法 蒸、煮　　功效 健脾利水，除湿消肿

红豆健脾、去湿、补血、利水消肿，鲫鱼健脾、益气、利水消肿，两者搭配，有祛痰湿的功效。

原料

红豆60克，鲫鱼1条，葱1根，盐、料酒各适量

做法

1. 将红豆洗净浸泡一夜；葱去须洗净，切葱花；鲫鱼去鳞、内脏、鳃，洗净沥干水。
2. 红豆擂烂（或放拌搅机内搅烂），鲫鱼用少许料酒擦匀，蒸熟，放冷后拆骨取肉。
3. 把适量清水煮沸，放鲫鱼肉，煮开后放红豆泥，并不断搅拌，放葱花，煮匀调味即可。

食用宜忌

适合肾病水肿属脾虚湿盛者食用，症见全身水肿、纳少乏力、心悸、小便淋痛等；感冒者忌食。

扁豆排骨汤

口味 咸鲜　　时间 3.5小时

技法 煲　　功效 清热利咽，去湿利尿

扁豆富含蛋白质、脂肪、糖类、钙、磷、铁及多种维生素，还含有对病毒的抑制成分、淀粉酶抑制物及多种微量元素，有润肺、排毒等功效。

原料

扁豆30克，麦冬20克，排骨600克，蜜枣3颗，盐5克

做法

1. 扁豆、麦冬洗净；蜜枣洗净。
2. 排骨洗净，斩块，氽水。
3. 将清水2 000毫升放入瓦煲内，煮沸后加入以上食材，大火煲沸后改用小火煲3小时，加盐调味即可。

食用宜忌

本汤对因频繁熬夜、烟酒过多而咽痛口干、心烦尿少者尤为适宜；本汤寒凉，胃寒者慎用。

芋头瘦肉汤

口味 咸鲜　　时间 30 分钟
技法 煮　　功效 调节中气，化痰通便

芋头营养价值很高，与猪瘦肉煲汤具有益胃、宽肠、通便散结、补中益肝肾、填精益髓等功效，经常饮用还可起到防治肿瘤、美容养颜、乌黑头发的效果。

原料

芋头 100 克，淡菜 40 克，猪瘦肉 400 克，生姜 3 片，盐适量

做法

1. 芋头去皮切块；淡菜洗净，稍浸泡；猪瘦肉洗净，整块不切。
2. 先把淡菜、猪瘦肉和姜片放进锅内，加入清水 2 000 毫升，大火煮沸后改小火煮 20 分钟，下芋头煮熟，调入适量盐便可。

食用宜忌

一般人都可食用；有痰、过敏体质者不宜食用此汤。

丝瓜咸蛋汤

口味 咸鲜　　时间 30 分钟
技法 煮　　功效 清热解毒，化痰祛湿

丝瓜中蛋白质、钙的含量高出其他瓜类很多，还含有维生素 B_1、维生素 C、苷类物质等，具有清洁护肤、美容养颜、保健身体的功效。

原料

丝瓜 500 克，猪瘦肉 200 克，咸蛋 2 个，盐适量

做法

1. 丝瓜去皮，切滚刀块；猪瘦肉洗净，切成薄片；咸蛋带壳煮熟，去壳后切成小块。
2. 把丝瓜放入开水锅里，小火煮沸几分钟后加入猪瘦肉和咸蛋煮至猪瘦肉熟，加盐调味供用。

食用宜忌

此汤适合疮疖、热痱或咽干喉燥之人食用；感冒者忌用本汤。

血淤体质 血淤体质就是全身血脉运行不畅，久之，离经之血就会淤积于脏腑器官组织之中，而产生疼痛，其养生应重在活血祛淤、补气行气。

山楂瘦肉汤

口味 清淡　　时间 1.5 小时

技法 炖　　功效 祛淤止痛，活血通经

山楂有健胃、消积化滞、舒气散淤的功效，与猪瘦肉一起煲汤，可使肉质软烂，汤也更加美味。

原料

猪瘦肉200克，丹参、何首乌、草决明各10克，枸杞、山楂各15克，生姜、盐各适量

做法

1. 将各药材洗净；猪瘦肉洗净，切块。
2. 锅内烧开水，放入猪瘦肉飞水，再捞出洗净。
3. 将各药材及生姜、猪瘦肉一起放入煲内，加开水以大火煮沸后，小火炖1小时，调味即可。

食用宜忌

一般人都可以食用；阴虚火旺者不宜多食。

丹参黄豆汤

口味 咸鲜　　时间 2 小时

技法 炖　　功效 补虚养肝，活血祛淤

丹参可活血祛淤、安神宁心；黄豆可健脾宽中、益气和中、清热解毒，二者搭配，更有益血淤体质者。

原料

丹参10克，黄豆50克，蜂蜜、盐各适量

做法

1. 丹参洗净放砂锅中；黄豆放清水中浸泡1小时，备用。
2. 捞出黄豆倒入砂锅内，用中火炖至黄豆烂，拣出丹参，加蜂蜜、盐调味即可食用。

食用宜忌

此汤非常适合慢性肝炎、肝脾肿大等患者食用；黄豆不宜与猪血、蕨菜同食。

藕节萝卜排骨汤

口味 咸鲜　　时间 3.5 小时
技法 煲　　功效 补血养颜，补中益气

藕节有收敛止血、凉血散淤之效，与胡萝卜搭配可起补气养血之效。

原料

藕节 200 克，胡萝卜 150 克，猪排骨 500 克，生姜、盐各 5 克

做法

1. 藕节刮去须、皮，洗净，切滚刀块；胡萝卜洗净，切块；生姜洗净，切片；猪排骨斩块，洗净，飞水。
2. 将适量水放入瓦煲内，煮沸后加入以上食材，大火煲滚后改用小火煲 3 小时，加盐调味即可。

食用宜忌

月经过多兼见肠燥便秘的女性、痔疮兼见大便出血者可多饮用此汤；本汤凉血散淤之力较强，脾胃虚寒者慎用。

马蹄瘦肉汤

口味 咸鲜　　时间 3 小时
技法 煲　　功效 清热润肺，散淤解毒

马蹄有清热养阴、消积化痰、止血止痢之功，对秋燥咳嗽、咽喉不适、口干欲饮等症有很好的疗效，与猪瘦肉煲汤，是秋季养生的佳品。

原料

马蹄 100 克，猪瘦肉 500 克，生姜片、盐各适量

做法

1. 马蹄去皮洗净；猪瘦肉洗净，切块。
2. 锅内烧开水，放入猪瘦肉飞水，再捞出洗净。
3. 将马蹄、猪瘦肉及生姜片一起放入煲内，加入适量开水，大火烧开后，改用小火煲 2.5 小时，调味即可。

食用宜忌

一般人都可以食用；阴虚者慎服。

玫瑰瘦肉汤

口味 清淡　　时间 1.5 小时
技法 煲　　功效 减压除烦，和血散淤

玫瑰花含有多种微量元素和维生素，其中维生素 C 含量最高，有理气、活血、收敛之效。

原料

玫瑰花、红枣各 10 克，小白菜 250 克，丝瓜 300 克，猪瘦肉 500 克，姜片、盐各适量

做法

1. 玫瑰花洗净；小白菜洗净后切段；丝瓜去皮切块；红枣洗净；猪瘦肉洗净后切块。
2. 锅内烧开水，放入猪瘦肉飞水，再捞出洗净。
3. 玫瑰花、红枣、生姜、小白菜、丝瓜、猪瘦肉分别放入煲内，加入适量开水，大火烧开后，改用小火煲 1 小时，调味即可。

食用宜忌

一般人都可以食用；内热炽盛者慎食。

鸡骨草煲肉

口味 咸鲜　　时间 3 小时
技法 煲　　功效 疏肝散淤，清热解毒

鸡骨草清热利湿、益胃健脾，搭配猪瘦肉、蜜枣煲汤，有健脾胃、益气血、解毒退黄之效。

原料

鸡骨草 15 克，蜜枣 6 颗，陈皮 3 片，猪瘦肉 300 克，盐、姜片各适量

做法

1. 鸡骨草洗净，浸泡片刻；猪瘦肉洗净，切块，汆水；蜜枣洗净；陈皮浸泡，刮去白瓤，洗净。
2. 鸡骨草、蜜枣、陈皮、猪瘦肉及生姜片放入煲内，加入适量开水，大火烧开后，改用小火煲 2.5 小时，调味即可。

食用宜忌

一般人都可以食用，急性肝炎、湿热、口苦、烦热、小便赤热者可用本汤作食疗；鸡骨草的种子有毒，需去除，以免中毒。

气郁体质 气郁体质者常表现为神情抑郁、形体瘦弱，且对精神刺激适应能力较差，其养生重在疏肝理气，应多食一些行气解郁的食物。

白芍排骨汤

口味 咸鲜　　时间 1小时

技法 炖　　功效 疏肝解郁，祛风明目

白芍具有补气益血、疏肝理气、止痛消炎、美白皮肤、抗衰老的作用，尤其适合女性食用。

原料

白芍、蒺藜各10克，山药300克，排骨250克，红枣10颗，盐3克

做法

1. 白芍、蒺藜装入布袋里，系紧袋口；红枣泡软，去核洗净；排骨斩块，汆烫；山药去皮切片。
2. 将排骨、红枣和中药袋放锅内，加水以大火煮开，加山药转小火炖40分钟，加盐调味即可。

食用宜忌

特别适合哺乳期的女性食用；大便燥结者忌食。

葚樱炖牡蛎

口味 咸鲜　　时间 50分钟

技法 炖　　功效 祛郁散结，滋补肝肾

桑葚有健脾胃、助消化、防癌抗癌、治疗贫血的功效。

原料

肉苁蓉15克，桑葚、金樱子、山萸肉各30克，枳壳、白术各12克，红枣10颗，甘草6克，牡蛎肉300克，料酒10毫升，盐、姜片、味精各3克，葱8克，胡椒粉、高汤各适量

做法

1. 牡蛎肉切片；葱切段；中药装纱布袋放瓦锅，加上高汤烧沸后煮35分钟，取出药包。
2. 药液中放剩余食材，煮10分钟调味即成。

食用宜忌

适宜肝气郁结、心情不畅、遗精者食用；易出血者禁食牡蛎。

当归瘦肉汤

口味 咸鲜　　时间 2.5 小时
技法 煲　　功效 行气开郁，祛风燥湿

猪瘦肉与当归、川芎、北沙参煲汤，对气郁者有益。

原料

川芎 6 克，北沙参、当归各 10 克，鸡肉 200 克，猪瘦肉 100 克，生姜片、盐、鸡精各适量

做法

1. 川芎、当归、北沙参洗净；鸡肉切片；猪瘦肉切块。
2. 开水滚后去鸡肉、猪瘦肉表面血迹，捞出洗净。
3. 全部食材放入瓦煲，加水烧开后慢煲 2 小时调味。

食用宜忌

此汤适宜有气血不足等症状者饮用；阴虚火旺者不宜食用。

川芎鸭汤

口味 咸鲜　　时间 1.5 小时
技法 炖　　功效 行气开郁，活血止痛

川芎解郁、通达、止痛，常用于活血行气、祛风止痛。

原料

川芎 10 克，薏米 20 克，鸭子半只，料酒 20 毫升，生姜片 5 克，盐适量

做法

1. 川芎、薏米洗净；鸭子斩块，汆去血水。
2. 鸭肉、药材、生姜片、料酒放入炖盅内，加入适量开水，大火炖开后，改用小火炖 1 小时，调味即可。

食用宜忌

此汤一般人都可以食用；阴虚火旺者不宜多食。

柿饼蛋包汤

口味 清淡　　时间 20 分钟
技法 煮　　功效 行气解郁，化痰利咽

柿饼有止咳化痰、清热解渴、健脾涩肠之效。

原料

柿饼 3 个，鸡蛋 1 个，姜 2 片，麻油 10 毫升

做法

1. 将麻油放入锅内烧热，爆香姜片，加适量水烧开；柿饼切片；鸡蛋打散。
2. 柿饼片放入沸水中，再转小火续煮 10 分钟。
3. 最后将鸡蛋液倒入锅中煮熟即可。

食用宜忌

中老年人特别适合食用此汤；口舌生疮等病症者忌食此汤。

特禀体质 特禀体质主要包括过敏体质、遗传病体质、胎传体质等。特禀体质者应多吃益气固表的食物，饮食宜清淡、均衡。

生地黄精甲鱼汤

口味 咸鲜　　时间 4 小时
技法 煲　　功效 滋阴清热，凉血止血

黄精具有降血压、降血糖、防止动脉粥样硬化、延缓衰老、补气养阴、润肺、益肾等作用。

原料

生地 30 克，黄精 20 克，甲鱼 500 克，蜜枣 3 颗，盐 3 克

做法

1. 将生地、黄精洗净，浸泡 1 小时；煲内加热至水沸甲鱼死，褪去四肢表皮，剖净，斩块。
2. 蜜枣洗净，将适量水放入瓦煲内，煮沸后加以上食材，大火煲开后改用小火煲 3 小时，加盐调味。

食用宜忌

适宜肺结核、盗汗者食用；脾胃虚寒者不宜服用。

芝麻红枣汤

口味 清甜　　时间 15 分钟
技法 煲　　功效 补血养颜，防治过敏

红枣是理想的天然保健食品，也是病后调养的佳品，特别适宜胃虚食少、过敏性湿疹、气血不足、贫血头晕等患者食用。

原料

红枣 50 克，白芝麻 300 克，蜂蜜 10 毫升，砂糖适量

做法

1. 红枣洗净，用清水浸泡约 15 分钟，捞出沥干。
2. 白芝麻洗净，和红枣一起放入电饭煲中。
3. 往电饭煲中倒入适量的清水。
4. 加砂糖，按下煮饭键，煮至自动跳档后盛出，加蜂蜜即可。

食用宜忌

此汤适宜女性食用；芝麻忌与鸡肉同食。

银耳红枣汤

口味 清甜　　时间 20 分钟

技法 煲　　功效 补血养颜，益气健脾

红枣有抑癌、抗过敏作用，搭配银耳疗效更好。

原料

银耳、红枣各 50 克，冰糖 10 克

做法

1. 银耳用清水泡发，洗净后沥干水，撕成小块。
2. 红枣洗净去核，切块，和银耳同放电饭煲中。
3. 加适量水，用煮饭档煮至跳档。
4. 倒入冰糖调味即可。

食用宜忌

此汤适宜女性食用；红枣糖分丰富，不适合糖尿病患者食用。

黄芪山药黄颡鱼汤

口味 咸鲜　　时间 30 分钟

技法 熬、煮　　功效 健脾养胃，益气固表

黄颡鱼搭配黄芪、山药煲汤，可以促进血液循环。

原料

黄颡鱼 500 克，黄芪、山药各 15 克，姜片、葱丝各 10 克，盐 5 克，米酒 10 毫升

做法

1. 黄颡鱼剖净，在两边背上各斜划一刀。
2. 黄芪、山药放入锅里，加水烧开熬约 15 分钟转中火，放姜片和黄颡鱼稍煮，加盐、米酒、葱丝即可。

食用宜忌

一般人都适合饮用此汤；血压高者慎食。

黄芪红枣鳝鱼汤

口味 咸鲜　　时间 1.5 小时

技法 煲　　功效 补益气血，祛风强身

本汤寓治病于食养之中，对脾虚气弱者尤为适宜。

原料

鳝鱼 500 克，黄芪 15 克，红枣 10 克，盐 5 克，味精 3 克，姜片 10 克，料酒 10 毫升，食用油适量

做法

1. 鳝鱼用盐腌去黏液，剖净切段，用开水汆去血腥。
2. 油锅爆香姜片，加料酒，放鳝鱼稍炒；黄芪、红枣洗净与鳝鱼放煲内，加水煮沸后煲 1 小时，调味即可。

食用宜忌

适合腰膝酸软、风寒湿痹、产后淋沥等症患者食用。

第五章

对症喝汤 有益健康

说到喝汤，世界各地的美食家都奉行这样的信条：“宁可食无肉，不可食无汤。”多喝汤不仅能调节口味、补充体液、增强食欲，而且能防病抗病，对健康大有益处。汤的食疗价值很高，中医讲究“辨证施治”，即根据不同的症状采取不同的治疗措施。同样的道理，我们喝汤也应该“对症”来喝。

失眠 失眠是指无法入睡或无法保持睡眠状态，导致睡眠不足的一种症状。失眠会给患者带来痛苦和心理负担，食疗是调治失眠的好方法。

燕窝红枣鸡丝汤

口味 清甜　　时间 3.5 小时
技法 炖　　功效 补血养颜，增强免疫力

燕窝有助于刺激细胞的生长和繁殖，对人体的组织生长、细胞再生等均有促进作用。

原料

燕窝 6 克，红枣 5 颗，鸡胸肉 150 克，盐 3 克

做法

1. 燕窝浸泡，剔除燕毛及杂质。
2. 红枣去核，切丝；鸡胸肉洗净，切丝。
3. 将以上原料放入炖锅内，加清水 500 毫升，加盖，隔水炖 3 小时，加盐调味即可。

食用宜忌

适宜眩晕、面色不华、烦躁失眠者食用；对鸡蛋敏感的人不宜吃燕窝。

桂圆童子鸡

口味 咸香　　时间 1.5 小时
技法 蒸　　功效 补气血，安心神

桂圆营养丰富，可用于脾胃虚弱、食欲不振、体虚乏力、血虚、失眠健忘、惊悸不安等。

原料

童子鸡 1 只，桂圆肉 30 克，盐 4 克，葱、姜、料酒各适量

做法

1. 鸡去内脏，洗净，放入沸水中氽一下，捞出，放入汤锅中；再加适量清水，将桂圆、料酒、姜、盐放入汤锅。
2. 上笼蒸 1 小时左右，取出加葱即可。

食用宜忌

此汤适宜贫血、失眠、心悸之人食用；痛风患者不宜喝鸡汤。

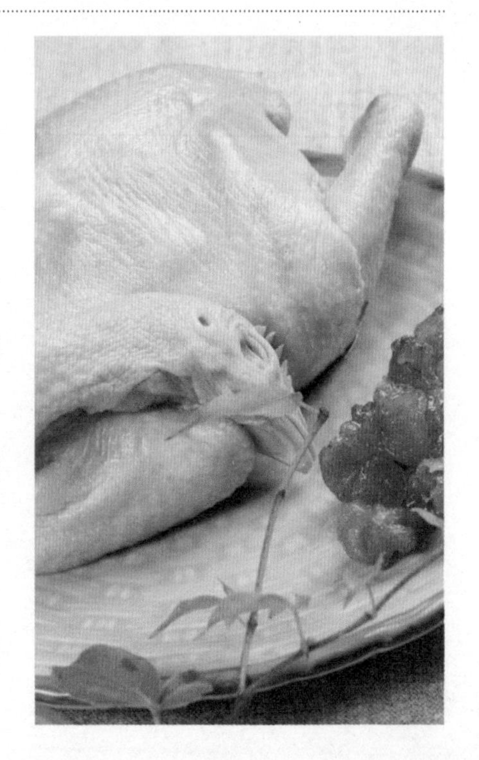

首乌熟地鹌鹑蛋汤

口味 咸鲜　　时间 1.5 小时
技法 炖　　功效 乌须发，补肝肾

鹌鹑蛋含有丰富的蛋白质、脑磷脂、卵磷脂、赖氨酸、胱氨酸、铁、磷、钙等营养物质，可补气益血、强筋壮骨。

原料

何首乌 5 克，熟地 3 克，鹌鹑蛋 50 克，盐适量

做法

1. 将鹌鹑蛋放入冷水中，煮熟后剥皮。
2. 将何首乌、熟地用适量清水煎约 30 分钟，取汁备用。
3. 何首乌、熟地汁与鹌鹑蛋隔水炖约 30 分钟，熟后加盐调味即可。

食用宜忌

此汤适合肝肾不足、血虚阴亏、心悸失眠、头晕耳鸣、腰膝酸软者食用；本汤也可以不放盐及其他调料。

百合桂圆瘦肉汤

口味 咸鲜　　时间 1 小时
技法 煮　　功效 润肺止咳，养心安神

百合含多种生物碱，对白细胞减少症有预防作用；百合还能提高机体的体液免疫能力，对多种癌症都有较好的防治作用。

原料

百合、桂圆肉各 20 克，猪瘦肉 200 克，食用油 10 毫升，姜 2 片，盐、嫩肉粉各 5 克，味精适量

做法

1. 百合泡发；桂圆肉洗净；猪瘦肉切薄片，放入食用油、盐、味精、嫩肉粉调味，腌 30 分钟。
2. 将 800 毫升清水放入锅内，煮沸后放入少许食用油、百合、桂圆肉、姜片，煮 10 分钟左右，放入猪瘦肉，小火煮至肉熟，加盐调味即可。

食用宜忌

此汤适宜心血虚少兼见失眠多梦、口苦心烦、记忆力减退者食用；大便干燥、口干舌燥者忌食桂圆肉。

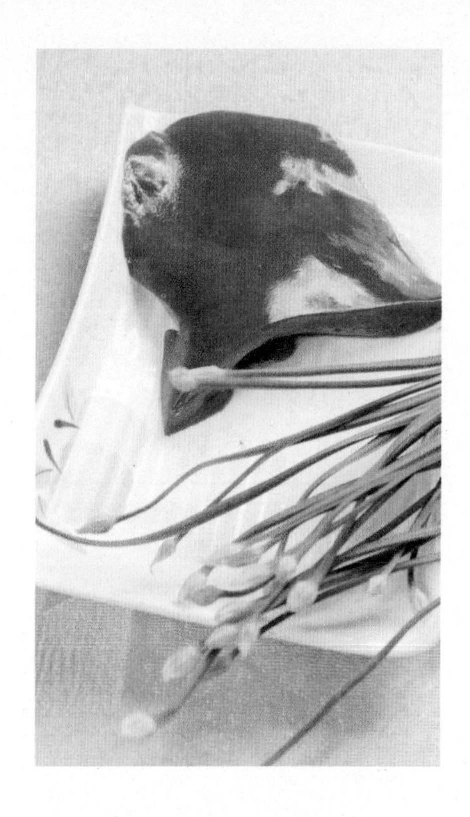

韭菜猪肝汤

口味 咸鲜　　时间 25 分钟
技法 煮　　功效 滋阴降火，止汗

韭菜有温肾助阳、益脾健胃、散淤解毒的作用，其含有的纤维可以促进肠胃的蠕动，排除肠道内多余的成分，从而起到减肥作用。

原料

韭菜 60 克，猪肝 50 克，盐适量

做法

1. 将韭菜洗净，切碎；猪肝洗净，切片。
2. 往锅里加清水适量，大火煮沸后，加入韭菜及猪肝，煮至猪肝熟即可调味食用。

食用宜忌

适宜阴虚盗汗者食用（症见夜睡出汗、醒则汗止、五心烦热、午后潮热、虚烦失眠、口干、舌红苔少、脉细数）；老年人宜少食。

瓜粒汤

口味 咸香　　时间 50 分钟
技法 煮　　功效 健脾，补肾

冬瓜中富含丙醇二酸，能有效防止体内脂肪堆积，还能把多余的脂肪消耗掉，对防治高血压、动脉粥样硬化及减肥有良好效果。

原料

冬瓜 250 克，猪瘦肉 200 克，水发香菇 25 克，糖少许，生抽 5 毫升，生粉适量，盐 5 克，胡椒粉少许，麻油少许

做法

1. 冬瓜去皮、去籽，切粒；猪瘦肉切粒，加糖、生抽、生粉、胡椒粉拌匀。
2. 水发香菇切粒；将冬瓜粒及香菇粒稍煮，加猪肉粒煮 20 分钟，最后加入盐、胡椒粉、麻油即可。

食用宜忌

适宜脾虚食少、便溏、肾虚、遗精、心虚失眠、健忘、心悸等症患者食用；阳虚且寒的人不宜食用。

黄酒核桃汤

口味 清甜　　时间 30 分钟
技法 煮　　功效 补肾安神，预防感冒

黄酒含有丰富的营养，含有 21 种氨基酸及多种微量元素，可活血祛寒、通经活络，能有效抵御寒冷刺激，预防感冒。

原料

核桃仁 20 克，黄酒 100 毫升，白糖 50 克

做法

1. 将核桃仁捣碎。
2. 将核桃与白糖一起放入锅中，加黄酒，用小火烧开，煮沸 10 分钟即可。

食用宜忌

此汤适宜患有更年期综合征以及失眠的人食用；核桃属于高热量食物，不能吃得太多，因为吃得太多会影响消化，而且会带来多余的能量，导致肥胖。

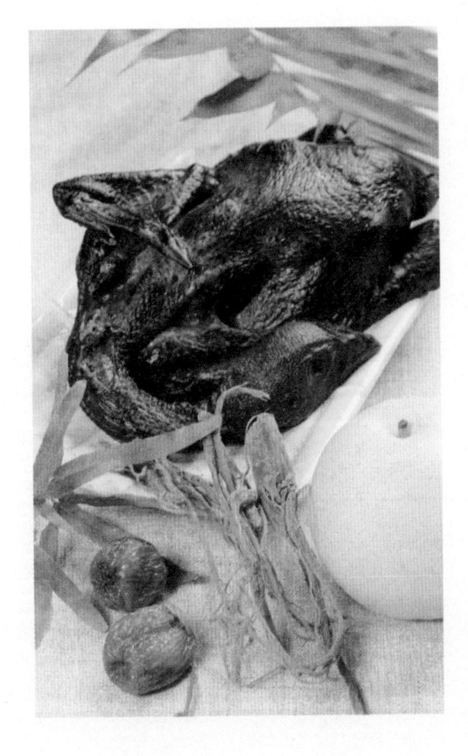

参须蜜梨乌鸡汤

口味 清淡　　时间 2.5 小时
技法 煲　　功效 益气养阴，滋补养颜

蜜梨含有多种营养成分，与花旗参须和乌鸡同煲汤，对眩晕、气短乏力、口干烦渴、夜眠多梦等症有很好的食疗效果。

原料

花旗参须10克，蜜梨300克，乌鸡400克，蜜枣2颗，盐3克

做法

1. 花旗参须洗净；蜜梨洗净，去心，切成 4 块；乌鸡斩块，洗净；蜜枣洗净。
2. 将适量清水放入瓦煲内，煮沸后加入以上食材。
3. 大火煲开后，改用小火煲 2 小时，加盐调味即可。

食用宜忌

本汤对女性经后或产后失血、失养引起的头晕眼花、面色不华、失眠多梦且不宜温补者最为适宜；脾胃虚寒者慎用。

锁阳炖乌鸡

口味 咸鲜　　时间 1.5 小时

技法 炖　　功效 滋阴养血，补肾

乌鸡富含多种营养素，有延缓衰老、强筋健骨及治疗缺铁性贫血的作用。

原料

锁阳 20 克，煅龙骨、葱各 10 克，远志 6 克，党参 15 克，金樱子 12 克，五味子 6 克，乌鸡 500 克，料酒 10 毫升，盐、姜、葱段各 5 克，味精、胡椒粉各 3 克，上汤适量

做法

1. 中药装入纱布袋；乌鸡剁块汆水；姜拍松。
2. 将药包、乌鸡、姜、葱段同放炖锅加上汤、料酒，大火烧沸转小火炖 1 小时，调味即可。

食用宜忌

适宜梦遗、滑精、失眠、头晕等患者食用；阴虚火旺者忌食。

山药母鸡汤

口味 咸鲜　　时间 3.5 小时

技法 煲　　功效 补血养颜，增进食欲

山药含有淀粉酶、多酚氧化酶等物质，有助于脾胃的消化吸收，是一味平补脾胃的药食两用之品。

原料

山药片、枸杞各 50 克，红枣 10 颗，母鸡 1 只，生姜 5 克，盐少许

做法

1. 母鸡杀洗干净，去毛、内脏，斩块；山药、枸杞、红枣、生姜洗净，生姜去皮，切片。
2. 瓦煲加适量清水，猛火煲滚后放入所有食材与姜片，改用中火继续煲 3 小时，加盐调味即可饮用。

食用宜忌

身体虚弱、血虚头晕、视物不清、心跳失眠、精神疲乏者都可用本汤食疗；煲此汤时，所有食材一定要等水开后才能下锅。

燕窝椰子炖母鸡

口味 咸鲜　　时间 4.5 小时
技法 炖　　功效 补血养颜，健体润肤

鸡肉富含蛋白质，很容易被人体吸收利用，有增强体力、强身壮体之效，用于治疗营养不良、畏寒怕冷、月经不调、贫血、虚弱等症。

原料

燕窝 25 克，椰子 1 个，山药、枸杞各 10 克，红枣 2 颗，母鸡 1 只，生姜 8 克，盐适量

做法

1. 燕窝泡发；枸杞、山药洗净；椰子取肉，切块；生姜去皮，切片；红枣去核；母鸡剖净剁块，汆水。
2. 将所有食材放入炖盅内，加适量冷开水，隔水炖 4 小时，加盐调味即可食用。

食用宜忌

适宜身体虚弱、气血不足、气喘痰多、失眠患者；椰子未成熟时青绿色，成熟时一般呈暗褐棕色。

生地莲藕猪骨汤

口味 咸鲜　　时间 3.5 小时
技法 煲　　功效 补血养颜，润肠通便

莲藕性温，含丰富的单宁酸，具有收敛性和收缩血管的功能，对咯血、尿血等患者能起辅助治疗作用。

原料

猪脊骨、莲藕各 500 克，生地 60 克，红枣 10 颗，盐 5 克

做法

1. 生地、莲藕、红枣洗净，莲藕切块。
2. 猪脊骨洗净，斩成段。
3. 将全部食材放入砂锅内，加适量清水，大火煮滚后转小火煲 3 小时，加盐调味即可食用。

食用宜忌

贫血、失眠者，面色、肤色不好者皆可食用；贫血严重者煲此汤时宜用熟地替换生地，加桂圆肉。感冒未愈者不能饮用此汤。

椰子老鸽汤

口味 咸鲜　　时间 3.5 小时
技法 煲　　功效 滋润补益，强心利尿

鸽肉可加快创伤愈合，有滋补益气、祛风解毒之效。

原料

椰子 1 个，红枣 10 颗，老鸽 1 只，生姜 5 克，盐少许

做法

1. 椰子取汁、肉；老鸽剖净，放入沸水中汆一下；红枣去核；生姜切片。
2. 瓦煲加水和椰汁、椰肉，放姜片和红枣，猛火煲滚，放老鸽，改中火煲 3 小时，加盐调味即可。

食用宜忌

血气不足、精神疲惫、面色苍白、失眠者可用本品作食疗。

食用宜忌

适宜失眠、记忆减退、头晕目眩者；伤风感冒、咳嗽者不宜饮用。

莲子鹌鹑汤

口味 咸鲜　　时间 40 分钟
技法 煲　　功效 滋补养颜，养血润肤

莲子富含钙、磷、铁等矿物质，有清心醒脾之效。

原料

红枣 15 颗，莲子 50 克，陈皮 5 克，鹌鹑 2 只，盐适量

做法

1. 鹌鹑剖净；莲子和陈皮浸透；红枣去核。
2. 瓦煲内加入适量清水，以猛火煲至水滚，放入以上所有食材，待水再沸，改中火续煲至莲子熟，加盐调味。

参归鲳鱼汤

口味 咸鲜　　时间 1.5 小时
技法 煲　　功效 补血养颜，益脾养胃

鲳鱼有降低胆固醇及预防冠状动脉硬化之效。

原料

鲳鱼 500 克，山药 20 克，党参、当归、熟地各 15 克，盐适量

做法

1. 鲳鱼剖净；党参、当归、熟地、山药装纱布袋。
2. 药材与鲳鱼同放砂煲内，加适量水，大火煮沸后，改用小火煲 1 小时，调味食用。

食用宜忌

适宜心悸失眠、神疲乏力者；煲此汤应特别注意火候。

鲜蔬菜浓汤

口味 咸香　　时间 40分钟
技法 煮　　功效 调理肠胃，促进排泄

蔬菜除能均衡营养之外，还能调节血糖、促进排泄、美化肤质、延缓肌肤老化。

原料

番茄1个，黄豆芽120克，土豆70克，洋葱50克，圆白菜240克，党参12克，盐、胡椒粉各5克

做法

1. 番茄去外皮，切片；土豆、圆白菜、洋葱切块；其他原料洗净。
2. 党参先放入瓦煲，加适量水熬成高汤，去渣留汤。
3. 将所有食材放进高汤锅中，煮沸后以小火慢熬，熬至汤呈浓稠状，加盐调味，并撒上胡椒粉。

食用宜忌

血虚、心悸、失眠、头晕目眩者可饮用此汤；脾胃寒者慎食此汤。

鹿茸炖猪心

口味 咸鲜　　时间 1小时
技法 炖　　功效 温肾补心，壮阳

鹿茸富含氨基酸、卵磷脂、维生素和微量元素等，有振奋和提高机体功能、增加机体对外界的防御能力及强壮身体、抵抗衰老的作用。

原料

鹿茸5克，当归15克，韭菜子10克，山萸肉9克，猪心1个，上汤适量，料酒10毫升，盐4克，味精、胡椒粉各3克，生姜4克，葱段6克，鸡油25克

做法

1. 中药洗净，装纱布袋；猪心汆去血水；姜拍松。
2. 将药袋、猪心、姜、葱、上汤、料酒、鸡油放炖锅，大火烧沸改小火炖30分钟，捞出猪心切薄片后放回炖锅，加盐、味精、胡椒粉调味。

食用宜忌

适宜心肾两亏、心悸失眠等患者食用；佐餐，每日一次，阴虚火旺者忌食。

红枣猪脑汤

口味 清甜　　时间 1.5 小时
技法 炖　　功效 补脑除烦，养心血

猪脑中含的钙、磷、铁比猪肉多，但胆固醇含量极高，适宜体质虚弱者及气血虚亏之头晕头痛、神经衰弱、偏头痛者食用。

原料

猪脑 100 克，红枣 10 颗，白糖 20 克，料酒 5 毫升

做法

1. 红枣放入温水中浸泡片刻，洗净；猪脑挑去血筋，洗净。
2. 锅内烧水，待水开后放入猪脑飞水，捞出洗净。
3. 将猪脑、红枣一起放入瓦煲内，待沸后加白糖、料酒，继续慢炖 1 小时即可。

食用宜忌

适宜心焦烦躁、头晕目眩、失眠、多汗等患者食用；煲此汤时猪脑一定要汆水，否则会有异味。

黄精排骨汤

口味 咸鲜　　时间 1 小时
技法 煮　　功效 补脑安神，调和气血

黄精具有补气养阴、健脾、润肺、益肾的功效，与排骨及其他药材同煲汤，对干咳少痰、肾虚精亏等症有很好的疗效。

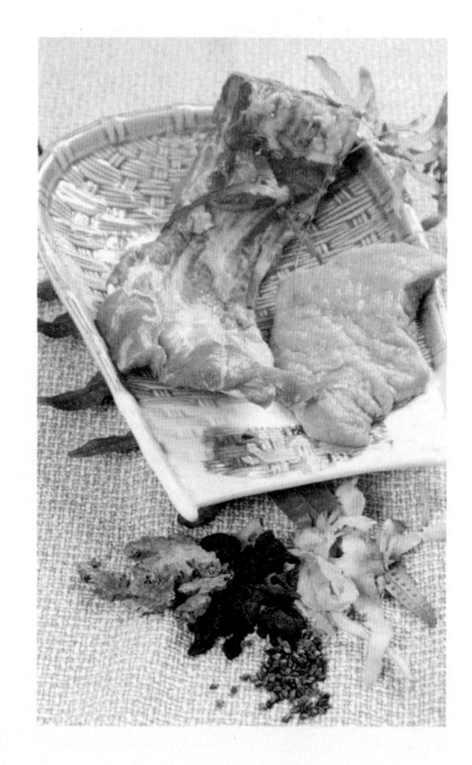

原料

黄精、玉竹各 30 克，决明子 9 克，川芎 3 克，猪排骨 300 克，猪瘦肉 100 克，生姜、蒜末、料酒、盐、味精各适量

做法

1. 中药材煎汤取汁；猪排骨斩段；猪瘦肉切薄片。
2. 将猪排骨、猪瘦肉、生姜、蒜末同放瓦煲，加水煮沸，捞出泡沫、生姜、蒜末，加药汁，转小火煨炖 30 分钟至肉料熟，加调料即成。

食用宜忌

适宜病后虚弱、头晕目眩、失眠、健忘等患者；炖排骨时加少许醋，容易煮得烂。

竹笋火腿鹌鹑蛋汤

口味 咸香　　时间 30 分钟
技法 煮　　功效 健脑强身，减肥消脂

竹笋具有低脂肪、多纤维的特点，能促进肠道蠕动，帮助消化，是肥胖者减肥的佳品。

原料

竹笋 100 克，鹌鹑蛋 10 个，火腿末 150 克，盐、味精各 2 克，白酒 10 毫升，猪油 25 克，高汤适量

做法

1. 竹笋泡开，洗去灰尘，再用清水洗几遍，切段。
2. 将炖盅抹上猪油，磕入鹌鹑蛋，撒入少许火腿末，蒸 6 分钟左右。
3. 汤锅置火上，放入高汤、味精、细盐、白酒、竹笋、蒸熟的鹌鹑蛋烧开即可。

食用宜忌

因肾虚所致的腰膝酸软、疲乏无力、心悸失眠等患者可多饮用此汤；竹笋忌与羊肝同食。

桂圆肉鸡汤

口味 咸鲜　　时间 1.5 小时
技法 蒸　　功效 补气血，安心神

鸡汤能够有效地抑制人体内的炎症以及黏液的过量产生，从而缓解感冒的症状以及改善人体的免疫功能。

原料

童子鸡 1 只（约 500 克），桂圆肉 30 克，葱段、姜片、料酒、盐各适量

做法

1. 鸡去内脏、洗净切块，放入沸水中氽一下，捞出，放入钵内或汤锅；再加桂圆、料酒、葱、姜、盐和清水。
2. 上笼蒸 1 小时左右，取出葱、姜即可。

食用宜忌

适用于贫血、失眠、心悸等症。健康人食用能使精力更加充沛；痛风症患者不宜喝鸡汤。

五子下水汤

口味 咸鲜　　时间 50分钟
技法 煮　　功效 健脾和胃，益肾固精

蒺藜子、覆盆子、菟丝子都具有益肾固精的功效，能改善肝循环滞碍引起的阳痿、遗精等症。

原料

鸡内脏300克，蒺藜子、覆盆子、车前子、菟丝子、女贞子各10克，蒜苗1棵，姜丝、盐各5克

做法

1. 鸡内脏切片；蒜苗洗净，切丝。
2. 将所有药材放入布袋内，扎好，放入锅中，加水1 000毫升以大火煮沸，转小火煮20分钟。
3. 捞起布袋，转中火，分别加入鸡内脏、姜丝、蒜苗丝，待汤再开，加盐调味即可。

食用宜忌

适合心悸、失眠、虚烦、健忘者食用；鸡心的胆固醇较高，所以冠心病、高血压、脂肪肝患者需慎食。

枸杞猪心汤

口味 咸鲜　　时间 1小时
技法 煮　　功效 健脑除烦，养心益智

枸杞含有丰富的枸杞多糖、维生素E等抗氧化物质，可延缓衰老，延长寿命。

原料

枸杞叶、猪心各200克，味精2克，盐5克，花生油10毫升，糖、生粉、姜丝各3克

做法

1. 枸杞叶洗净，用温水浸泡10分钟后捞起。
2. 猪心切开，清除空腔内残余的淤血，氽水，洗净，切片，用花生油、生粉、盐、糖、味精、姜丝调味，腌渍30分钟。
3. 将清水放入瓦煲内，煮沸后放入花生油、枸杞叶、猪心，煮至枸杞叶、猪心熟，加盐调味即可。

食用宜忌

用于心烦心悸、失眠、记忆力下降者；煲汤前用盐浸泡枸杞叶，可减轻苦涩味。

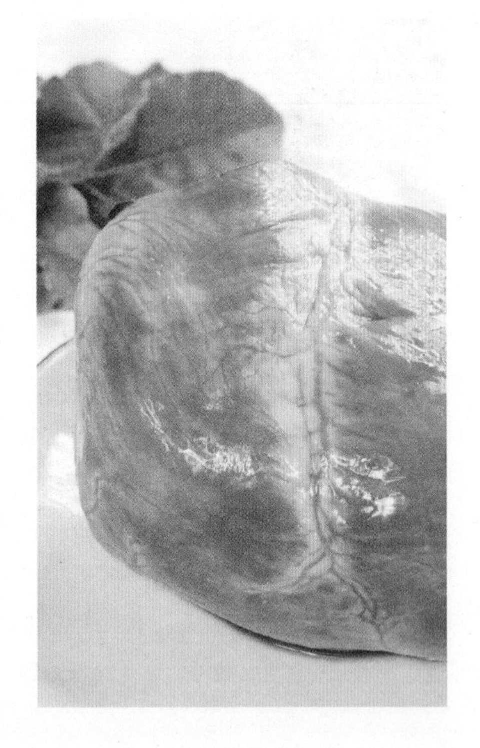

感冒 感冒分为普通感冒和流行性感冒。普通感冒是由多种病菌引起的一种呼吸道常见病；流行性感冒是由流感病毒引起的急性呼吸道传染病。

腐竹排骨汤

口味 咸鲜　　时间 2.5 小时

技法 煲　　功效 养肝补肾，舒筋活络

排骨营养丰富，与腐竹煲汤对感冒有治疗效果。

原料

白果、腐竹各 50 克，排骨 500 克，鸡蛋 1 个，生粉 10 克，生姜 5 片，葱、盐、味精各适量

做法

1. 排骨斩块，以盐、味精、生粉、鸡蛋腌渍；白果、腐竹浸透；葱切花。
2. 锅内加水烧开，汆烫排骨，捞起；将白果、排骨、腐竹、姜片放瓦煲，加水煲 2 小时，调入盐、味精，撒入葱花即成。

食用宜忌

尤其适合感冒咳嗽者。

香菜皮蛋鱼干汤

口味 咸鲜　　时间 40 分钟

技法 煮　　功效 清润降火，消除疲劳

香菜内含维生素 C、胡萝卜素、丰富的矿物质，能健胃消食、发汗透疹、利尿通便、祛风解毒。

原料

鱼干 125 克，皮蛋 3 个，香菜 70 克，盐适量

做法

1. 将香菜择洗干净；皮蛋去壳，洗净，每个都切成 4 份。
2. 将皮蛋、香菜放入锅中，加适量清水以中火煮 10 分钟至香味出；将鱼干放锅中，煮熟，加盐调味即可。

食用宜忌

感冒及食欲不振者适合食用此汤；口臭、狐臭、生疮者少吃香菜。

当归羊肉汤

口味 咸香　　时间 30分钟
技法 炖　　功效 补虚温中，活血祛寒

羊肉温补，风寒感冒者食之有益。

原料
羊肉200克，当归20克，生姜50克，葱白段10克，植物油20毫升，盐、味精各适量

做法
1. 羊肉切片；生姜切片；当归洗净。
2. 油热放羊肉翻炒，加水、生姜、葱白、当归，大火烧开，改小火炖半小时，加盐、味精即可。

食用宜忌
此汤适宜风寒感冒者食用。

黄芪蔬菜汤

口味 咸鲜　　时间 45分钟
技法 煮　　功效 预防感冒，增强免疫力

黄芪与各种蔬菜同煮汤，营养丰富，可提高免疫力。

原料
黄芪15克，西蓝花300克，番茄200克，香菇20克，盐5克

做法
1. 西蓝花切小朵；番茄去外皮，切块；香菇切块。
2. 锅中加水放入黄芪煮开，转小火煮10分钟，加入番茄和香菇煮15分钟，加西蓝花转大火煮熟，加盐。

食用宜忌
适宜中气不足、气短乏力、免疫低下者；番茄不要久煮。

葱豉豆腐汤

口味 咸辣　　时间 30分钟
技法 煮　　功效 疏风解表，散寒

葱具有发汗散热及健脾开胃、提高食欲的功效。

原料
淡豆豉9克，豆腐2块，葱3根，盐适量

做法
1. 豆腐冲洗后切块；葱洗净，切段。
2. 将豆腐放在锅内煎至两面呈淡黄色。
3. 加入淡豆豉，加入适量清水，煮沸后加入葱段、盐，再煮片刻。

食用宜忌
适合伤风感冒、头痛、鼻塞、咳嗽者食用；趁热饮汤食豆腐。

橄榄瘦肉汤

口味 咸鲜　　时间 2.5 小时

技法 煲　　功效 消烦消滞，除烦解压

橄榄营养丰富，适用于咽喉肿痛、心烦口渴等症。

原料

青橄榄、猪瘦肉各 250 克，白萝卜 500 克，盐、花生油各适量，生姜片 6 克

做法

1. 白萝卜切成块状；猪瘦肉整块不必切。
2. 将以上食材和生姜片、青橄榄放瓦煲，加水大火煲沸，改小火煲 2 小时，加盐、花生油即可。

食用宜忌

适合流行性感冒、一般性感冒、扁桃体炎、支气管炎患者。

食用宜忌

特别适合抵抗力差的人食用；脾胃虚弱者忌食此汤。

生姜芥菜汤

口味 咸鲜　　时间 30 分钟

技法 煮　　功效 清肺去痰，防止感冒

生姜具有抗氧化、清除自由基以及抑制肿瘤的作用，常食有益。

原料

芥菜 500 克，生姜 20 克，盐 3 克，花生油 10 毫升

做法

1. 芥菜切段；生姜切成厚片，用刀背拍松。
2. 锅中加适量清水，放入生姜片，大火煮开后加入芥菜煮至熟，加盐、花生油调味即可。

鸡骨草猪骨汤

口味 咸鲜　　时间 2.5 小时

技法 煲　　功效 清热泻火，解表退热

鸡骨草具有清热解毒、舒肝止痛等功效。

原料

鸡骨草 30 克，猪脊骨 600 克，蜜枣 3 颗，盐 5 克

做法

1. 鸡骨草用清水泡 30 分钟；猪脊骨斩块，汆水；蜜枣洗净。
2. 瓦煲加水，煮沸后加入以上食材，大火煲滚后改用小火煲 2 小时，加盐调味即可。

食用宜忌

用于风热感冒或因感冒引起的发热、头痛等症；体虚发热者慎用。

贫血 贫血是指人体外周血红细胞容量减少，低于正常范围下限的一种常见的临床症状。通过饮食治疗贫血是一种非常有效的方法。

生地莲藕排骨汤

口味 咸鲜　　时间 1.5 小时

技法 煮　　功效 健脾开胃，养颜美白

生地能清营血分之热而凉血，还有养阴润燥生津的作用，用于温热病后期、邪热伤津者。

原料

莲藕 150 克，排骨 200 克，生地 5 克，红枣 7 颗，黄酒 5 毫升，盐适量

做法

1. 莲藕切片；排骨斩块，汆烫；生地与红枣洗净。
2. 砂锅注水，放排骨，大火烧开转小火煮 10 分钟；藕片、生地、红枣放锅中，加黄酒续煮约 1 小时，加盐调味。

食用宜忌

适宜缺铁性贫血之人；脾虚腹满、便溏者忌食生地。

山药枸杞牛肉汤

口味 咸鲜　　时间 1.5 小时

技法 煲　　功效 健脾开胃，补血强身

芡实具有益肾固精、补脾止泻、祛湿止带的功效，常用于白浊、带下、遗精、小便不禁者。

原料

牛腱肉 500 克，山药、枸杞各 10 克，桂圆肉 40 克，芡实 20 克，姜 2 片，盐适量

做法

1. 锅内加适量水，烧沸，下姜片、牛肉，水沸改小火煲 1 小时。
2. 放入其他食材，用大火烧沸后改小火煲至牛肉和其他食材熟透，最后以盐调味即可。

食用宜忌

此汤适宜气短体虚、贫血久病之人食用；疮毒、湿疹者忌食。

黄芪党参瘦肉汤

口味 咸鲜　　时间 4 小时
技法 煲　　功效 补血补气，乌须黑发

党参有增强免疫力、扩张血管、增强造血功能之效。

原料

黄芪 15 克，党参 25 克，黑豆 100 克，猪瘦肉 300 克，红枣 4 颗，生姜 5 克，盐适量

做法

1. 黑豆炒至豆衣裂，洗净，沥干；生姜去皮，切片；红枣去核；黄芪、党参、猪瘦肉洗净。
2. 将以上食材同放炖盅，小火煲 4 小时，调味即可。

食用宜忌

适合面色无华、贫血女性和脱发者；黑豆忌与厚朴、蓖麻籽同食。

猪皮蹄髈红枣汤

口味 咸鲜　　时间 30 分钟
技法 炖　　功效 润泽肌肤，强健身体

猪蹄髈可促进毛皮生长，延缓皮肤衰老。

原料

猪皮 100 克，猪蹄髈 500 克，红枣 8 颗，盐适量

做法

1. 猪皮去毛，洗净，切块；红枣洗净去核；猪蹄髈洗净，切块。
2. 锅内放入以上食材，加水适量，小火炖至皮、肉烂熟调味服食。

食用宜忌

适合皮肤色素沉着及贫血者食用；肥胖和血脂较高者不宜多食。

青豆牛肉汤

口味 咸鲜　　时间 40 分钟
技法 炖　　功效 健脾养血，利水消肿

青豆具有健脑和延缓机体衰老、消炎的作用。

原料

青豆 100 克，牛肉 200 克，盐适量

做法

1. 将青豆洗净；牛肉洗净，切片。
2. 把全部食材一起放入炖盅内，加入适量开水，炖盅加盖，以小火隔水炖至牛肉熟，加入盐，调味即可食用。

食用宜忌

适宜肾病属脾虚血少和肾炎水肿贫血者食用；牛肉宜用黄牛肉。

萝卜甘蔗马蹄汤

口味 清甜　　时间 1.5 小时
技法 炖　　功效 活络气血，清热降火

马蹄具有凉血解毒、利尿通便、祛痰、消食之效。

原料
马蹄、胡萝卜各 500 克，甘蔗 750 克，冰糖适量

做法
1. 甘蔗切 10 厘米长段，从中间切成 4 块；马蹄拍碎；胡萝卜洗净、去皮，切块状。
2. 将以上所有食材放入煲中，加适量清水炖 1 小时，加冰糖调味。

食用宜忌
缺铁性贫血患者适合喝此汤；甘蔗去皮或不去皮皆可。

食用宜忌
对缺铁性贫血的患者尤为适宜；产妇不宜食用莲藕。

红枣莲藕排骨汤

口味 清甜　　时间 3.5 小时
技法 蒸　　功效 补益脾胃，养血宁神

排骨可提供血红素和半胱氨酸，可改善缺铁性贫血。

原料
莲藕 2 节，排骨 250 克，红枣 4 颗，盐 5 克

做法
1. 排骨剁块，汆烫去血水，捞出再冲净。
2. 莲藕削皮，洗净，切成块；红枣洗净去核。
3. 将所有食材盛入炖盅内，加水 1 800 毫升，上笼蒸 3 小时，加盐调味即可。

鹌鹑蛋笋汤

口味 咸香　　时间 30 分钟
技法 煮　　功效 补五脏，益中续气

竹笋可减少高脂血症等疾病的发病率。

原料
鹌鹑蛋 20 个，竹笋 150 克，清汤适量，胡椒粉 1 克，盐 5 克，味精 3 克

做法
1. 竹笋切片，汆水；鹌鹑蛋打匀在盛有凉水的碗中。
2. 清汤烧开，放盐、胡椒粉、味精调味，放竹笋煮沸，再把鹌鹑蛋液放入汤中，再沸即可。

食用宜忌
此汤适合贫血、营养不良、神经衰弱者。胆固醇高者慎食此汤。

番茄猪肝玉米粒汤

口味 咸香　　时间 1小时
技法 煮　　功效 补肝养血，帮助消化

番茄内的苹果酸和柠檬酸，可帮助消化、调整胃肠功能，还能降低胆固醇的含量。

原料

猪肝、番茄、玉米粒各100克，生姜10克，盐、生粉、白酒各适量

做法

1. 猪肝洗净，切成片，用盐、生粉、白酒拌匀；番茄洗净，切片；生姜洗净，去皮切丝；玉米粒洗净。
2. 玉米粒放入锅内，加水煲20分钟，放入番茄、生姜煮10分钟，再放入猪肝，煮沸几分钟至猪肝刚熟，加盐调味食用。

食用宜忌

此汤特别适合贫血、水肿、患脚气之人食用；痛风患者应尽量少饮用此汤。

双仁菠菜猪肝汤

口味 咸香　　时间 40分钟
技法 煮　　功效 利肠胃，补血

酸枣仁含大量脂肪油和蛋白质，并含有甾醇、三萜类、酸枣仁皂苷、维生素C，有镇静、催眠、镇痛、抗惊厥、降压的作用。

原料

猪肝、菠菜各200克，酸枣仁、柏子仁各10克，盐5克

做法

1. 将酸枣仁、柏子仁装在布袋内，扎紧。
2. 猪肝洗净，切片，放入沸水中汆烫；菠菜去头，洗净，切段。
3. 布袋入锅加1 000毫升水，熬至约剩750毫升。
4. 猪肝入沸水中汆烫后捞出，和菠菜一起加入高汤中，待水一开即熄火，加盐调味即成。

食用宜忌

此汤十分适宜贫血者食用。高胆固醇血症者慎食。

肉桂煲鸡肝

口味 咸鲜　　时间 1.5 小时
技法 煲　　功效 补血养颜，散寒止痛

鸡肝铁质丰富，是补血食品中最常用的食物，此外还能增强人体的免疫能力。

原料
肉桂、杜仲各5克，鸡肝100克，猪瘦肉50克，姜片、盐、鸡精各适量

做法
1. 肉桂、杜仲洗净；鸡肝去胆、切片；猪瘦肉切块。
2. 锅内加水烧开，放入鸡肝、猪瘦肉烫去表面血迹，捞出洗净。
3. 将以上全部食材一起放入瓦煲内，加适量清水，猛火煮开后改小火煲1小时，加盐、鸡精调味即可。

食用宜忌
贫血、肾虚、腹冷、夜多小便等患者可饮用此汤；阴虚火旺、有实热、血热妄行者忌服本汤。

竹茹鸡蛋汤

口味 清甜　　时间 1.5 小时
技法 煲　　功效 调补气血，美容养颜

竹茹治热痰、胃热呕哕，并可宁神开郁除烦，对痰热郁结所致的心神不宁及产后虚烦头痛、心中闷乱不解者最为适宜。

原料
桑寄生 50 克，竹茹 10 克，红枣 8 颗，鸡蛋 2 个，冰糖适量

做法
1. 中药材洗净；红枣去核，洗净备用。
2. 将鸡蛋放入清水中煮熟，去壳备用。
3. 将中药材和红枣放入瓦煲中，加适量水，以小火煲约 90 分钟，加鸡蛋、冰糖煮至冰糖溶化即可。

食用宜忌
此汤特别适合贫血或身体虚弱之人食用；脾胃虚泻者忌食此汤。

熟地黄芪羊肉汤

口味 咸鲜　　时间 3.5 小时
技法 煲　　功效 滋阴补血，强身健体

羊肉营养价值高，适于肾阳不足、腰膝酸软、腹中冷痛、虚劳不足者食用，具有补肾壮阳、补虚温中等作用。

原料

熟地 20 克，黄芪 15 克，当归、白芍各 10 克，羊肉 500 克，陈皮 5 克，红枣 5 颗，姜片、盐、油各适量

做法

1. 羊肉洗净，切块；中药材洗净。
2. 锅上火下油，油热放羊肉稍炒，再捞出沥干油。
3. 羊肉、姜片、红枣、陈皮和中药材放瓦煲内，加水适量，大火煲滚后用小火煲 3 小时，调味即可。

食用宜忌

此汤适用于贫血、头晕目眩、气血虚弱、腰酸乏力者；脾胃虚弱、湿阻胸闷者不宜食用。

红枣沙参煲羊脊骨

口味 咸鲜　　时间 2.5 小时
技法 煲　　功效 补腰肾，强筋骨

北沙参能提高淋巴细胞转化率，延长抗体存在时间，促进免疫功能，还可预防癌症的产生。

原料

红枣 20 克，羊脊骨 500 克，猪瘦肉 100 克，北沙参 5 克，生姜片、盐、鸡粉各适量

做法

1. 红枣、北沙参洗净；羊脊骨用大骨刀斩数块；猪瘦肉洗净，切块。
2. 锅内烧水，水开后放入羊脊骨、猪瘦肉滚去表面血迹，再捞出洗净。
3. 全部食材与姜片一起放入瓦煲内，加清水适量，用大火烧开后转用小火慢煲 2 小时，调味即可。

食用宜忌

此汤适合腰膝酸软乏力、贫血者食用；阴亏火旺者慎用此汤。

便秘 便秘主要是指排便次数减少、粪便量减少、粪便干结、排便费力等，部分患者还伴有失眠、烦躁、多梦、抑郁、焦虑等精神心理障碍。

洋参猪血汤

口味 咸香　　时间 1.5 小时
技法 煲　　功效 清热润肠，通便

猪血性温，有补血美容、解毒清肠的功效，便秘者可多吃。

原料

西洋参 15 克，黄豆芽、猪血各 250 克，猪瘦肉 200 克，姜 2 片，盐适量

做法

1. 西洋参洗净；猪瘦肉切大块，汆烫；黄豆芽去根和豆瓣；猪血切大片。
2. 将全部食材与姜片放入瓦煲，加适量水，大火煮沸后改小火煲 1 小时，调味即可。

食用宜忌

适合心烦气躁、失眠、黑眼圈者。

胡萝卜豆腐猪骨汤

口味 咸鲜　　时间 2.5 小时
技法 煲　　功效 清热降火，润肠通便

胡萝卜可加强肠道的蠕动，是便秘患者的食疗佳品。

原料

胡萝卜、猪骨各 400 克，豆腐 200 克，蜜枣 3 颗，花生油 10 毫升，盐 5 克

做法

1. 胡萝卜去皮切块；蜜枣洗净；猪骨斩块，汆水；豆腐浸泡 3 小时，沥干；烧锅下花生油，将豆腐两面煎至金黄色。
2. 将清水 1 600 毫升放入瓦煲内，煮沸后加入所有食材，大火煲开后改用小火煲 2 小时，加盐调味即可。

食用宜忌

适宜热病伤津者及大便秘结者；脾胃虚弱者慎用。

银耳海参猪肠汤

口味 咸鲜　　时间 2小时
技法 煲　　功效 滋阴养血，润燥滑肠

海参高蛋白、低脂肪、低胆固醇，有调节神经系统、预防皮肤老化的功效。

原料

猪肠500克，银耳30克，海参250克，盐适量

做法

1. 银耳浸开；海参泡开切丝；猪肠切小段。
2. 把全部食材放入锅内，加清水，大火煮沸后改小火煲1~2小时，加盐调味即可。

食用宜忌

适宜产后大便燥结、习惯性便秘的女性；发热、便溏者不宜食用。

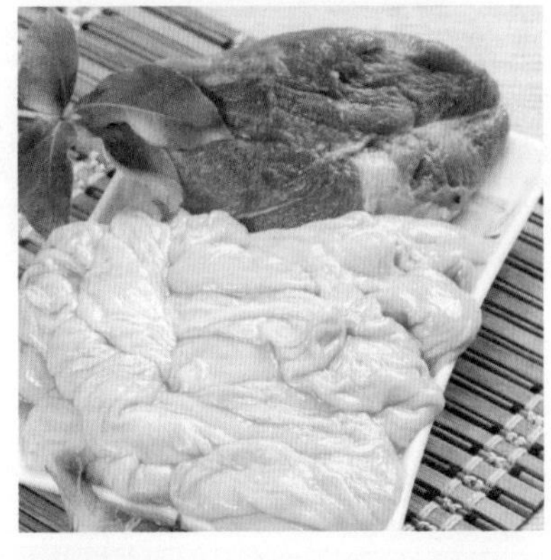

食用宜忌

适宜大便干结难解、便秘者食用；虚寒性便秘或下血者不宜食用。

槐花猪肠汤

口味 咸鲜　　时间 3小时
技法 煲　　功效 益阴润燥，清肠解毒

槐花能改善毛细血管的功能，保持其正常的抵抗力。

原料

猪肠500克，猪瘦肉250克，槐花90克，蜜枣2颗，盐适量

做法

1. 槐花装进猪肠，扎紧两头；猪瘦肉切块。
2. 把装有槐花的猪肠与猪瘦肉、蜜枣同放锅内，加水以大火煮沸改小火煲2~3小时，加盐调味即可。

萝卜干蜜枣猪蹄汤

口味 咸鲜　　时间 3小时
技法 煲　　功效 清肠润燥，通便

猪蹄能延缓肌肤衰老，与萝卜干、蜜枣同用，更佳。

原料

萝卜干30克，猪蹄600克，蜜枣5颗，盐5克

做法

1. 萝卜干入水浸泡1小时，洗净；蜜枣洗净；猪蹄斩块，汆去血水，干爆5分钟。
2. 将清水2 000毫升放入瓦煲，煮沸后加以上食材，大火煲开后改小火煲3小时，加盐调味即可。

食用宜忌

适宜口干、咳嗽、大便秘结者食用；胃寒、脾虚泄泻者慎用。

芦荟猪蹄汤

口味 咸鲜　　时间 3.5 小时
技法 煲　　功效 清热，润肠通便

芦荟有增进食欲、强化胃功能、增强体质的功效。

原料

芦荟 300 克，猪蹄 600 克，蜜枣 3 颗，盐 3 克

做法

1. 芦荟去皮，切段；蜜枣洗净；猪蹄斩块，汆水，干爆 5 分钟。
2. 将清水 2 000 毫升放入瓦煲，煮沸放入以上食材，大火煲沸后改用小火煲 3 小时，加盐调味即可。

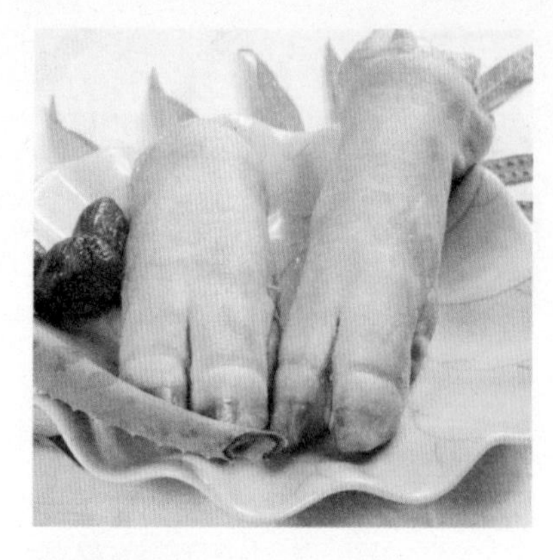

食用宜忌

适宜大便不畅或大便秘结者食用；下气滑腻、肠胃虚弱者慎用。

食用宜忌

适宜有口渴、便秘、尿黄等症状者食用；感冒发热者不宜用本汤。

丝瓜豆腐鱼头汤

口味 咸鲜　　时间 50 分钟
技法 煲　　功效 清热泻火，养阴生津

丝瓜藤茎的汁液具有保持皮肤弹性的特殊功能。

原料

丝瓜、豆腐各 500 克，鲜鱼头 2 个，姜 3 片，盐适量

做法

1. 丝瓜去角边，切滚刀块；鱼头切两半，洗净；豆腐清洗干净。
2. 鱼头和姜片放煲里，注开水，大火煲 10 分钟，放豆腐和丝瓜，用小火煲 15 分钟，加盐调味。

瘦肉藕节红豆汤

口味 咸鲜　　时间 2 小时
技法 煲　　功效 解暑利湿，利尿消肿

红豆含粗纤维，与猪瘦肉和藕节同食可缓解便秘。

原料

鲜藕节 500 克，猪瘦肉 200 克，薏米 100 克，红豆、鲜扁豆、土茯苓各 50 克，盐适量

做法

1. 藕节切薄块；猪瘦肉切片；药材洗净；鲜扁豆去筋。
2. 将所有食材放入炖盅内，加水 1 500 毫升，小火煲 2 小时，加盐调味即可。

食用宜忌

适合夏日不思饮食、便秘、下肢困倦者；大便溏泄者不宜食用。

杏仁猪肉汤

口味 咸香　　时间 3.5 小时
技法 炖　　功效 滋补肺肾，润燥滑肠

杏仁营养丰富，被称为抗癌之果，其含有丰富的脂肪油，对防治心血管系统疾病有良好作用。

原料

猪瘦肉 500 克，南杏仁 90 克，核桃仁 15 克，盐适量

做法

1. 南杏仁、核桃仁用开水稍烫，去衣；猪瘦肉洗净，切厚片。
2. 把全部食材放入炖盅内，加清水适量，炖 3 小时，调味即可。

食用宜忌

此汤适合因阴血虚亏所致肠燥便秘者，气虚血弱所致排便不力、大便干结者食用；肺寒咳喘、脾胃寒湿者不宜食用。

生地槐花脊骨汤

口味 咸鲜　　时间 3.5 小时
技法 煲　　功效 清热凉血，消痔止血

猪脊骨具有滋阴补肾、填髓补髓等功效，适用于肾阴虚证型骨质增生症的患者食用，与生地、槐花合而为汤效果更好。

原料

生地 50 克，槐花 20 克，猪脊骨 500 克，蜜枣 4 颗，盐 5 克

做法

1. 生地、槐花洗净，浸泡 1 小时。
2. 猪脊骨斩块，汆水，洗净；蜜枣洗净。
3. 将 2 000 毫升清水放入瓦煲内，煮沸后加入以上食材，大火煲沸后，改用小火煲 3 小时，加盐调味。

食用宜忌

此汤适宜肠热便秘及痔疮出血者食用；脾胃虚寒者不宜服用本汤。

肉苁蓉海参炖瘦肉

口味 咸鲜　　时间 4小时
技法 炖　　功效 补肾益精，养血润肠

肉苁蓉、海参合用可治疗肾虚阳痿、腰膝冷痛等症。

原料
猪瘦肉200克，肉苁蓉50克，海参60克，枸杞4颗，盐适量

做法
1. 肉苁蓉浸软；海参切丝；枸杞洗净；猪瘦肉切片。
2. 把全部食材放入炖盅内，加开水适量，炖盅加盖，小火隔水炖3~4小时，调味供用。

食用宜忌
适用于精血亏损、阴血不足者；阴虚便溏者不宜食用。

无花果南杏排骨汤

口味 咸鲜　　时间 2.5小时
技法 蒸　　功效 润燥，通便

无花果、南杏仁配以排骨炖汤对便秘患者疗效很好。

原料
无花果10克，南杏仁25克，排骨600克，陈皮少许，盐适量

做法
1. 无花果切两半；南杏仁去衣；排骨斩块。
2. 全部食材放入炖盅内，蒸2小时后，加少许盐调味，即可佐膳饮用。

食用宜忌
适宜肺燥肺热、慢性便秘患者；炖排骨时放点醋，可以使其易熟。

芥菜沙葛汤

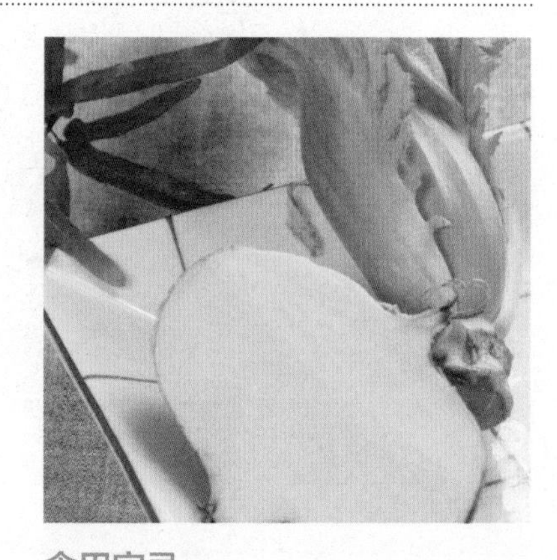

口味 咸香　　时间 40分钟
技法 煲　　功效 开胃清肠，润燥通便

沙葛营养丰富，与芥菜煮汤食疗效果甚好。

原料
芥菜450克，沙葛500克，花生油5毫升，姜2片，盐5克

做法
1. 芥菜切段；沙葛去皮，切成块状。
2. 烧热锅，加花生油、姜片，爆炒沙葛5分钟；锅内加沸水，煮沸后加芥菜段，煲沸20分钟，加盐调味。

食用宜忌
适宜大肠燥热、大便秘结者食用；腹泻者不宜饮用本汤。

生地松子瘦肉汤

口味 咸鲜　　时间 2.5 小时

技法 煲　　功效 补血养颜，润肤滑肠

松子内含有大量的不饱和脂肪酸，可以强身健体，有补肾益气、养血润肠、滋补健身的作用，可用于治疗燥咳、吐血、便秘等症。

原料

生地、松子各 30 克，红枣 6 颗，枸杞、玉竹各 15 克，猪瘦肉 150 克，盐适量

做法

1. 生地、红枣、枸杞、玉竹洗净，沥干水分备用；猪瘦肉洗净，切块；松子去壳取仁。
2. 砂锅内加水，猛火煲至水滚，然后加入全部食材，改用中火继续煲 2 小时，用盐调味即可饮用。

食用宜忌

气虚衰、糖尿病、便秘者适合食用此汤；大便稀者不宜饮用本汤。

肉苁蓉煲鳜鱼

口味 咸鲜　　时间 1 小时

技法 煲　　功效 补肾益精，润肠通便

鳜鱼富含多种营养素，肉质细嫩，极易消化，尤其适合儿童、老年人及体弱者。

原料

肉苁蓉 10 克，鳜鱼 200 克，蛤蜊肉 30 克，小白菜 150 克，粉丝 20 克，上汤适量，料酒 10 毫升，生姜、葱、味精各 10 克，盐 4 克，植物油 50 毫升

做法

1. 鳜鱼剖净，切片；蛤蜊肉切薄片；粉丝洗净；小白菜切丝；姜切片；葱切段。
2. 炒锅烧热，放植物油烧至六成热，加葱、生姜爆香，放入上汤、鳜鱼、蛤蜊肉、肉苁蓉、粉丝、料酒，烧沸改小火煲 25 分钟，加盐、味精、小白菜。

食用宜忌

适用于男子阳痿，女子不孕、带下，腰膝酸冷，血枯，便秘等患者食用；阴虚火旺及大便泄泻者忌服。

菠菜鸡胗汤

口味 咸鲜　　时间 1小时
技法 煮　　功效 清热凉血，排毒祛湿

菠菜含多种营养素，对治疗便秘、痔疮有一定疗效，还可以防止衰老，防治缺铁性贫血。

原料

鸡胗200克，菠菜150克，罗汉果50克，杏鲍菇30克，姜20克，盐5克，味精、胡椒粉各3克，高汤适量

做法

1. 鸡胗洗净，切成片；菠菜择净切段；杏鲍菇洗净，对切开；姜去皮，切片；罗汉果打碎。
2. 锅上火，加油烧至七成热，下入鸡胗爆香。
3. 锅中加入高汤，下入所有准备好的食材一起煮40分钟，调入调味料即可。

食用宜忌

便秘及各类炎症者适合食用此汤；鸡胗过油后可在开水中稍氽一下，以去除油渍。

百合冬瓜鸡蛋汤

口味 咸鲜　　时间 40分钟
技法 煮　　功效 养阴润肺，清降胃火

冬瓜有利尿消肿、清热、止渴、解毒、减肥等作用，与百合、鸡蛋合而为汤，对便秘患者有很好的食疗作用。

原料

百合30克，冬瓜120克，鸡蛋2个，香油、生姜丝、葱末各适量，盐5克，味精3克

做法

1. 百合去杂质，洗净，撕成小片；冬瓜洗净，切片。
2. 鸡蛋打入碗内，搅拌均匀，备用。
3. 锅内加适量水，放入百合、冬瓜片、生姜丝、葱末，大火烧沸后改用小火煮10分钟，淋入鸡蛋液，调入盐、味精、香油即成。

食用宜忌

此汤适用于各种便秘患者，对大肠积热之便秘效果尤佳。

肥胖 肥胖是以体内脂肪细胞的体积和数量增加，导致体脂占体重的百分比异常增高，以致过多沉积脂肪的疾病，不仅影响形体美，还给生活带来不便。

豆腐海带鱼尾汤

口味 咸鲜　　时间 1.5 小时

技法 煮　　功效 消脂减肥，清热解毒

草鱼尾可暖胃和中、祛风治痹，配以抗辐射的海带和高蛋白的豆腐煮汤，适合减肥者食用。

原料

豆腐 2 块，海带 50 克，草鱼尾 500 克，姜 2 片，花生油 10 毫升，盐 5 克

做法

1. 豆腐冷冻 30 分钟；海带泡发，切条丝状。
2. 草鱼尾去鳞；烧锅下油、姜，煎黄鱼尾；加沸水煲沸 20 分钟后放入豆腐、海带，再煮 15 分钟，加盐即可。

食用宜忌

适宜高血压、高脂血症患者食用；脾胃虚寒者慎用。

草菇鲫鱼汤

口味 咸鲜　　时间 1 小时

技法 煲　　功效 清热润肠，消脂减肥

草菇中除了富含蛋白质、钙、磷、铁外，还含有能抑制癌细胞生长的异性蛋白。

原料

丝瓜 250 克，豆腐 200 克，草菇 80 克，鲫鱼 400 克，花生油 10 毫升，姜 2 片，盐 5 克

做法

1. 丝瓜刨去绿色棱边，切块；豆腐冷冻 30 分钟；草菇在顶部用刀剞十字，飞水。
2. 鲫鱼剖净；烧锅下花生油、姜片，煎黄鲫鱼，加沸水煲 30 分钟，加豆腐、草菇、丝瓜，至熟，调味。

食用宜忌

此汤适宜肥胖、高血压、便秘、咳嗽有痰者食用；本汤寒凉，脾胃虚寒者慎用。

苦瓜酸菜瘦肉汤

口味 酸苦　　时间 1.5 小时
技法 煲　　功效 清热生津，降糖减肥

苦瓜有清暑解渴、促进新陈代谢等功效，配以开胃的酸菜，适合肥胖者食用。

原料

猪瘦肉、咸酸菜梗各 60 克，苦瓜 1 条，盐适量

做法

1. 苦瓜去瓤，切块；咸酸菜梗切段；猪瘦肉切块。
2. 苦瓜、猪瘦肉放锅内，加水以大火煮沸改小火煲 1 小时，加咸酸菜梗，煲 20 分钟，加盐即可。

食用宜忌

适合肥胖、心烦易怒、口渴咽干、头痛目赤者；胃寒者不宜食用。

食用宜忌

适宜肥胖、糖尿病、冠心病者；慢性病和阴虚火旺者不宜食用。

冬瓜鲤鱼汤

口味 咸鲜　　时间 40 分钟
技法 煮　　功效 清热利水，减肥

鲤鱼能很好地降低胆固醇，配以冬瓜，效果更佳。

原料

冬瓜 300 克，鲤鱼 1 条，料酒、盐、白糖、姜、胡椒粉各适量

做法

1. 冬瓜去皮、去瓤，切片；鲤鱼剖净。
2. 鲤鱼煎至金黄，锅中加入水，下料酒、盐、白糖、姜煮至半熟，加冬瓜煮烂，下胡椒粉调味。

红薯芥菜汤

口味 咸鲜　　时间 30 分钟
技法 煮　　功效 健脾养胃，降糖减肥

红薯富含纤维素和果胶，有通便作用，有利减肥。

原料

红薯、大芥菜各 200 克，盐适量

做法

1. 红薯洗净不去皮，切成小块；大芥菜洗净，切开叶与叶柄。
2. 红薯放锅内，加清水适量，煮沸后放芥菜叶柄，待红薯煮熟，放芥菜叶，续煮 3 分钟，调味供用。

食用宜忌

适合肥胖、糖尿病、肌肤无光泽属阴虚有热者食用。

冬瓜木耳汤

口味 咸香　　时间 40分钟
技法 煮　　功效 养胃生津，清热祛风

具有排毒降脂作用的冬瓜配以具有清胃涤肠、养血驻颜之效的木耳煲汤，有很好的减肥功效。

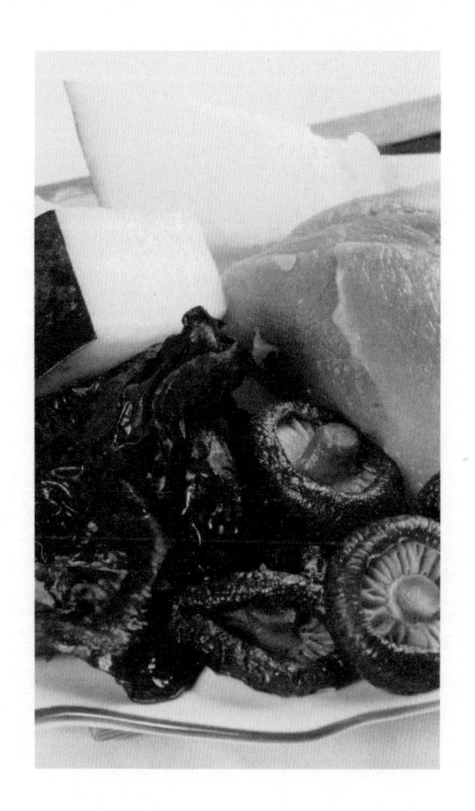

原料

冬瓜750克，香菇（浸软）50克，黑木耳20克，猪瘦肉150克，姜2片，盐适量

做法

1. 冬瓜洗净，去籽，切厚块；香菇去蒂，洗净；黑木耳泡发洗净；猪瘦肉洗净，汆烫后切薄片。
2. 将2 000毫升清水煲沸，放入冬瓜、香菇、姜片、黑木耳、猪瘦肉，煲沸后改中火将食材煮熟，下盐调味即成。

食用宜忌

此汤适合减肥的人士食用；胃寒，易腹泻、腹胀者，脾胃虚寒者，久病与阳虚肢冷者及想要长胖者不宜多食。

冬瓜玉米汤

口味 咸香　　时间 50分钟
技法 煲　　功效 减肥利尿，去脂肪

玉米具有防癌、延缓衰老、降低血清胆固醇、防止皮肤病变的作用，与能减肥、利水的冬瓜同食可有消水肿、去脂肪的功效。

原料

胡萝卜350克，冬瓜600克，玉米2个，香菇（浸软）25克，猪瘦肉150克，姜2片，盐适量

做法

1. 胡萝卜去皮，切片；冬瓜、玉米切块；香菇去蒂；猪瘦肉洗干净，汆烫后再洗干净，切薄片。
2. 将适量水煲沸，下胡萝卜、冬瓜、玉米、香菇、猪瘦肉、姜片，煲沸后以中火再煲约30分钟，下盐调味即成。

食用宜忌

一般人都可以食用，患有肾脏病、糖尿病、高血压、冠心病者尤为适宜；不宜用老玉米，否则香味不够。

丝瓜香菇鱼尾汤

口味 咸鲜　　时间 40分钟

技法 煮　　功效 清热通络，清肠减肥

丝瓜清热消暑，香菇解毒抗癌，二者搭配草鱼尾煮汤有清热通络、轻身抗老、清肠减肥的功效。

原料

丝瓜320克，草鱼200克，香菇50克，生姜片、盐、花生油各适量

做法

1. 丝瓜去皮洗净，切片；香菇泡发，洗净切开边；草鱼宰杀，剁下鱼尾洗净，抹干，用盐腌片刻。
2. 烧热锅，下油烧热，爆香姜，放下鱼尾，煎至两面黄色铲起待用。
3. 锅中加入适量水烧滚，放下鱼尾煮约10分钟，下丝瓜、香菇煮熟，下盐调味即成。

食用宜忌

此汤一般人都适合食用；煎鱼尾时应注意火候。

海带胡萝卜海蜇汤

口味 咸鲜　　时间 2.5小时

技法 炖　　功效 理气化痰，降脂减肥

海蜇头滋阴润肠、清热化痰，胡萝卜健胃消食、养肝明目，海带补益滋阴，三者一起煲汤有消痰而不伤正、滋阴而不留邪的功效。

原料

水发海带60克，海蜇皮50克，胡萝卜100克，盐适量

做法

1. 海带洗净，切段；胡萝卜去皮切块；海蜇皮洗净，切丝。
2. 将以上所有食材一起放入炖盅，放适量水，炖2小时至胡萝卜软熟，加盐调味即可。

食用宜忌

此汤适宜单纯性肥胖伴有痰多、舌苔厚者食用；脾胃气滞、食少便溏者忌服。

海带黄豆汤

口味 咸香　　时间 1小时
技法 煮　　功效 减肥，防癌

海带防辐射、滋阴补虚，与可防止血管硬化、保护心脏、促进骨骼发育的黄豆同煲汤，具有促进脂肪分解、补充碘质的功效。

原料

海带 50 克，黄豆 60 克，盐 5 克，味精 2 克，葱 15 克

做法

1. 海带洗净，切成丝；黄豆用温水泡 8 小时，捞出；葱择洗净，切花。
2. 锅中加适量水，烧沸，下黄豆煮至熟烂，调入盐。
3. 加海带丝煮至入味，撒上葱花，调入味精即可。

食用宜忌

此汤一般人皆可食用；注意黄豆煮前一定要提前泡水，这样才易煮烂。

花生牛肉汤

口味 咸鲜　　时间 3.5 小时
技法 煲　　功效 补血养颜，强健身体

牛肉能提高机体的抗病能力，花生可促进脑细胞发育、增强记忆力，二者一同煲汤具有很好的食疗效果。

原料

牛腱肉 600 克，花生仁 160 克，陈皮 1 片，红枣 11 颗，姜 2 片，盐适量

做法

1. 陈皮浸软，刮去内层；红枣去核洗净。
2. 把红枣、花生、陈皮、姜片加清水同放入瓦煲内烧沸，下牛肉烧开后改小火煲 3 小时，至牛肉熟软时，以盐调味即可。

食用宜忌

此汤很适宜肥胖症、高血压、冠心病、血管硬化和糖尿病患者食用；患有疮毒、湿疹、瘙痒症等皮肤病者应禁食牛腱肉。

咳嗽 咳嗽是人体清除呼吸道内的分泌物或异物的保护性呼吸反射动作，但剧烈或长期的咳嗽对身体有害。药物治疗咳嗽，配以食疗效果更好。

银耳香菇猪胰汤

口味 咸香　　时间 50分钟
技法 煮　　功效 滋阴生津，润肺止咳

银耳滋阴润肺，香菇健脾益胃，猪胰润燥生津，三者合而为汤有润燥止咳之效。

原料

猪胰300克，猪瘦肉100克，银耳、香菇各30克，花生油、盐各适量

做法

1. 银耳浸开，摘小朵；香菇泡开，去蒂；猪胰、猪瘦肉切片，用花生油、盐稍腌。
2. 银耳、香菇放锅内，加清水以大火煮沸10~15分钟后，放猪胰、猪瘦肉，小火煲至肉熟，加盐。

食用宜忌

适合肺肾阴亏之人食用；痰湿内盛者不宜食用本汤。

北杏猪肺汤

口味 咸香　　时间 2小时
技法 煲　　功效 止咳化痰，补肺

猪肺富含人体必需的营养成分，有补虚、止咳、止血之效，适用于肺虚咳嗽、久咳、咯血等症。

原料

猪肺250克，北杏10克，姜汁、盐各适量

做法

1. 猪肺切块，洗干净；北杏洗净。
2. 猪肺和北杏放入锅中，加适量清水，用大火煲1小时后改用小火煲1小时，放入姜汁，用盐调味即成。

食用宜忌

此汤适宜慢性支气管炎、肠燥便秘者食用；处于月经期的女性慎用此汤。

萝卜牛肚汤

口味 咸香　　时间 30 分钟
技法 煲　　功效 润肺化痰，降气止咳

牛肚富含各种营养成分，与萝卜同食，可治疗咳嗽。

原料

牛肚 500 克，白萝卜 1 000 克，陈皮 2 片，盐适量

做法

1. 白萝卜切滚刀块；陈皮浸软，去白；牛肚切段。
2. 将牛肚、白萝卜、陈皮放入锅内，加入适量清水，以大火煮沸后改用小火煲至白萝卜熟，加盐调味，即可食用。

食用宜忌

适合肺燥、咳嗽有痰者；胃脘偏寒患肺燥咳嗽者，可加适量胡椒粉。

食用宜忌

适宜感冒、喉痛、咳嗽者食用；胃寒、肺虚者慎用。

蜜枣白菜汤

口味 咸鲜　　时间 2 小时
技法 煲　　功效 清热泻火，润肺止咳

小白菜与蜜枣同煲具有养胃生津、除烦解渴、清热解毒的功效。

原料

小白菜 1 000 克，蜜枣 4 颗，盐 5 克

做法

1. 小白菜洗净；蜜枣洗净。
2. 将清水 1 800 毫升放瓦煲内，煮沸后加小白菜、蜜枣，大火煲沸后改小火煲 2 小时，加盐调味即可。

杏仁百合猪肺汤

口味 清淡　　时间 3 小时
技法 煲　　功效 清热止咳，补中益气

杏仁、百合、猪肺同用可治疗肺虚咳嗽、久咳咯血。

原料

猪肺半个，百合 20 克，杏仁 25 克，蜜枣 30 克，盐适量

做法

1. 猪肺切小块，除泡沫，沥干；百合、杏仁洗净。
2. 猪肺、百合、杏仁、蜜枣同放砂煲里，加水适量；用小火煲 3 小时，调味食用。

食用宜忌

适宜肺虚咳嗽、久咳不止者食用；中老年人应少饮用此汤。

红枣鳖甲汤

口味 清淡　时间 1小时
技法 炖　功效 软坚散结，养血安神

鳖甲有滋阴潜阳、软坚散结之效，与红枣合用，滋养效果更佳。

原料

红枣10颗，鳖甲50克，醋5毫升，白糖适量

做法

1. 将鳖甲洗净，拍碎；红枣洗净。
2. 所有食材共入锅中，加适量水慢炖1小时，最后加入白糖、醋稍炖即成。

食用宜忌

此汤适宜肺虚咳嗽、脾胃虚弱、中气不足者食用。

熟地炖老鸭

口味 咸鲜　时间 3.5小时
技法 炖　功效 滋肾补肺，润燥止咳

熟地滋阴，老鸭生津，二者煲汤对患有咳嗽的人非常有利。

原料

老鸭半只，熟地60克，红枣10颗，盐适量

做法

1. 鸭剖净，去颈、头、爪，沥干；熟地、红枣洗净。
2. 熟地、红枣放鸭腹腔内，将鸭放入炖盅内，加开水，炖盅加盖，小火隔水炖3小时，调味供用。

食用宜忌

适合咳喘短气、咽干口渴者食用；便溏和痰湿内盛者忌食。

川贝蜜梨猪肺汤

口味 咸鲜　时间 3小时
技法 煲　功效 清热润肺，化痰止咳

川贝母镇咳，雪梨生津，猪肺补肺，三者同食更佳。

原料

猪肺半个，川贝母15克，蜜梨4个，盐适量

做法

1. 猪肺切厚片，挤净血水，煮5分钟，捞起过水，沥干；蜜梨连皮切4块，去核；川贝母洗净。
2. 全部食材放入开水锅，大火煮沸转小火煲2~3小时，调味。

食用宜忌

适合咳嗽痰稠、咽干口渴者；寒痰、湿痰内盛者不宜食用。

石斛玉竹甲鱼汤

口味 咸鲜　　时间 3.5 小时
技法 煲　　功效 润肺止咳，滋阴养颜

石斛、玉竹、甲鱼合而为汤，润燥止咳的效果更好。

原料

石斛 6 克，玉竹 30 克，甲鱼 500 克，蜜枣 20 克，盐 5 克

做法

1. 玉竹、石斛浸泡；加热至甲鱼死，剖净斩块，汆水。
2. 将适量清水放煲内，煮沸加蜜枣和以上食材，大火煲开，改小火煲 3 小时，加盐调味。

食用宜忌

适宜干咳痰少、口干烦渴者；消化不良、腹泻者不宜多服。

熟地枸杞炖甲鱼

口味 咸鲜　　时间 2.5 小时
技法 炖　　功效 润肺止咳，平肝补肾

枸杞加熟地和甲鱼煲汤，可调养肝肾、滋阴清热。

原料

甲鱼 1 只，熟地 15 克，枸杞 30 克，盐适量

做法

1. 熟地洗净，切小片；枸杞洗净；甲鱼用沸水烫，让其排尽尿，去肠脏、头、爪，洗净，斩块。
2. 把全部食材放入炖盅内，加开水适量，炖盅加盖，用小火隔水炖 2 小时，调味即可。

食用宜忌

适合肾病属肝肾阴虚者食用；食少便溏、小便清长者忌食。

川贝炖豆腐

口味 咸鲜　　时间 1.5 小时
技法 炖　　功效 清热润肺，化痰止咳

川贝和豆腐同炖，可以治疗燥咳、感冒引起的咳嗽等症。

原料

豆腐 2 块，川贝母 15 克，冰糖、盐各适量

做法

1. 川贝母打碎或研粗末；豆腐冲洗干净。
2. 将川贝母粉与冰糖一起放豆腐之上，放入炖盅内，炖盅加盖，用小火隔水炖 1 小时，加盐调味即可。

食用宜忌

此汤适合燥热咳嗽或肺虚入咳者；脾胃虚寒者应慎食。

百合鸡汤

口味 咸鲜　　时间 1.5 小时
技法 蒸　　功效 润肺止咳，清心安神

百合鸡汤具有治疗脾胃虚弱、气血不足的功效，常食可使皮肤柔嫩、减少皱纹、消除雀斑。

原料

小土鸡 1 只，鲜百合 2 个，枸杞 10 克，盐 3 克，鸡精少许

做法

1. 鸡宰杀洗净，入沸水内汆烫；百合、枸杞洗净。
2. 大汤碗内放入鸡，再加入水，淹过鸡，以大火蒸 1 小时，加入百合、枸杞，继续蒸约 20 分钟，最后加入调味料。

食用宜忌

适合肺燥或阴虚之咳嗽、虚烦不眠者食用；最好使用新鲜的百合，若是使用干燥的百合，应先加水泡 2 小时以上，以免炖出的汤带有酸味。

西瓜皮荷叶海蜇汤

口味 咸鲜　　时间 1 小时
技法 煮　　功效 清热解暑，清肺止咳

西瓜皮中所含的瓜氨酸能增进尿素形成，可用以治疗肾炎水肿、肝病黄疸及糖尿病，还有解热及促进人体皮肤新陈代谢的功效。

原料

浸发海蜇、西瓜皮各 250 克，鲜丝瓜 500 克，鲜扁豆 100 克，荷叶 1 张，盐少许

做法

1. 海蜇、西瓜皮、丝瓜洗净，切块。
2. 荷叶洗净；扁豆洗净，择去老筋。
3. 将适量清水放入锅中，煮沸，放入海蜇、西瓜皮、扁豆、荷叶、丝瓜，大火煮沸后改中火煮约 30 分钟，至食材熟烂后加盐调味即可。

食用宜忌

此汤适宜暑湿内蕴而致头面水肿者食用；此汤性寒，体弱胃寒的人不宜多吃。

杏仁煲牛蛙

口味 咸鲜　　时间 2小时

技法 煲　　功效 清热生津，润燥止咳

牛蛙养心安神，辅以杏仁、哈密瓜，既营养又美味。

原料

哈密瓜200克，牛蛙、猪瘦肉各100克，去衣杏仁30克，盐适量

做法

1. 哈密瓜去瓤，切小块；牛蛙剖净斩块；猪瘦肉切块。
2. 锅内加适量水，猛火煲滚，放杏仁、牛蛙和猪瘦肉，水沸，中火煲1小时，放哈密瓜，煲半小时，加盐。

食用宜忌

适合一家大小日常饮用；食用猪肉后最好不要大量饮茶。

沙参玉竹百合瘦肉汤

口味 咸鲜　　时间 4小时

技法 煲　　功效 润肺止咳，益胃生津

沙参、玉竹、百合加猪瘦肉，可治疗肺燥咳嗽等症。

原料

北沙参、玉竹、百合各30克，猪瘦肉500克，蜜枣3颗，盐5克

做法

1. 沙参、玉竹、百合浸泡1小时；猪瘦肉切块，飞水。
2. 将清水2 000毫升放瓦煲内，大火煮沸；加以上食材和蜜枣，大火煲沸后改小火煲3小时，加盐调味。

食用宜忌

适宜咳嗽、痰少、口干、舌燥者；肺虚、寒咳者慎用。

罗汉果龙利叶瘦肉汤

口味 咸香　　时间 3.5小时

技法 煲　　功效 化痰止咳，和胃降逆

罗汉果清肺利咽，可用于治疗痰火咳嗽等症。

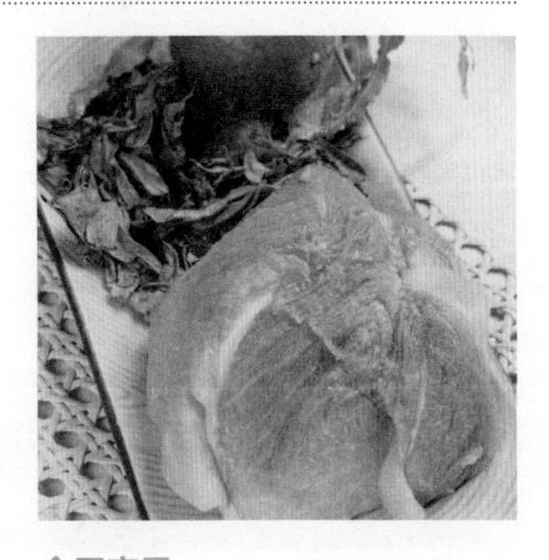

原料

罗汉果1个，龙利叶15克，猪瘦肉500克，盐5克

做法

1. 罗汉果打碎；龙利叶浸泡30分钟；猪瘦肉切小块，汆水。
2. 将清水2 000毫升放瓦煲内，煮沸加以上食材，大火煲沸改小火煲3小时，加盐调味即可。

食用宜忌

适合痰火内盛之咳嗽者食用；便溏者忌服罗汉果。

木瓜鲈鱼汤

口味 清淡　　时间 2小时
技法 煲　　功效 润肺化痰，健胃消食

木瓜清心润肺，咳嗽痰多者食用有益。

原料

木瓜450克，鲈鱼500克，姜4片，花生油5毫升，盐5克

做法

1. 木瓜切块；油锅爆香姜片，煎黄鲈鱼。
2. 瓦煲加清水煮沸，放木瓜和鲈鱼煲开，改小火煲2小时，加盐调味即可。

食用宜忌

此汤适宜肺热咳嗽有痰兼有食滞者食用。

莲子百合麦冬汤

口味 清甜　　时间 50分钟
技法 煮　　功效 宁心安神，润肺止咳

莲子、百合、麦冬合用有利于热病伤津、心烦口渴者。

原料

莲子200克，百合20克，麦冬15克，冰糖80克

做法

1. 莲子和麦冬洗净，沥干，加水以大火煮开，转小火续煮20分钟。
2. 百合洗净，用清水泡软，加入汤中，续煮5分钟左右后熄火；加冰糖调味即可。

食用宜忌

适合肺热咳嗽、高热之后有余热、神志恍惚者食用；脾胃虚寒者忌食。

川贝脊骨汤

口味 咸鲜　　时间 3.5小时
技法 煲　　功效 清肺化痰，止咳

川贝、脊骨、鱼腥草同用，可治疗咳嗽、痰多等症。

原料

川贝母15克，鱼腥草30克，猪脊骨750克，蜜枣5颗，盐5克

做法

1. 川贝母打碎；鱼腥草浸泡半小时；猪脊骨斩块汆水。
2. 将清水2 000毫升放入瓦煲内，煮沸加入以上食材和蜜枣，大火煲滚后改小火煲3小时，加盐调味。

食用宜忌

适宜上呼吸道感染后期或支气管炎者；脾虚便溏、咳痰清稀者忌食。

霸王猪肺汤

口味 咸鲜　　时间 4.5 小时

技法 煲　　功效 清燥润肺，止咳化痰

霸王花具有清热润肺、化痰止咳、滋补养颜之效。

原料

霸王花 50 克，猪肺 750 克，蜜枣 20 克，盐 5 克，姜 2 片

做法

1. 霸王花泡发；猪肺切块汆水，干爆 5 分钟。
2. 将清水 2 000 毫升放入瓦煲内，煮沸加入以上食材和蜜枣、姜片，大火煲沸改小火煲 3 小时，加盐调味。

食用宜忌

适宜肺热、肺燥咳嗽等患者食用；肺虚、风寒咳嗽痰白者慎用。

白菜鹌鹑汤

口味 咸香　　时间 3 小时

技法 煲　　功效 润肺止咳，排毒清肠

白菜、鹌鹑合而为汤，有清热润肺、理气定喘之效。

原料

大白菜 500 克，白菜干 50 克，南杏仁 20 克，北杏仁 10 克，蜜枣 3 颗，鹌鹑 2 只，盐 5 克，酱油适量

做法

1. 大白菜切段；白菜干泡发；南杏仁、北杏仁泡发，去皮、去尖；鹌鹑剖净；蜜枣洗净。
2. 瓦煲加水煮沸，放入食材煲沸，小火煲 3 小时，调味。

食用宜忌

适于肺燥、肺热引起的咳嗽、大便不畅者；肺虚寒咳者慎用。

苹果生鱼汤

口味 咸鲜　　时间 3.5 小时

技法 煲　　功效 润肺止咳

此汤可治疗脾虚、气血不足、水肿、头晕、失眠等。

原料

南杏仁 20 克，北杏仁 10 克，苹果、生鱼各 500 克，猪瘦肉 150 克，盐、姜片各 5 克，花生油适量

做法

1. 南杏仁、北杏仁泡发；苹果去皮、去心，切块；猪瘦肉切块汆水；生鱼剖净，煎黄。
2. 瓦煲加水煮沸，放食材煲沸，小火煲 3 小时，调味。

食用宜忌

适用于肺燥咳嗽、口干者食用；感冒者不能饮用此汤。

糖尿病 血糖是维持各种生理功能正常的基础。糖尿病患者血糖升高，并伴有多尿、口渴、多饮以及体重减轻、形体消瘦，以致疲乏无力，精神不振。

牛蒡排骨汤

口味 咸鲜　　时间 1.5 小时

技法 炖　　功效 降低血糖，滋阴壮阳

牛蒡能清除体内垃圾，改善体内循环，配以排骨煲汤，具有解毒降糖、健胃祛病等功效。

原料

排骨 500 克，牛蒡 20 克，盐 5 克，味精 3 克

做法

1. 排骨洗净，斩成小段；牛蒡洗净，切段。
2. 锅中烧开水，放排骨段焯去血水，捞出洗净。
3. 将排骨段、牛蒡和所有调味料一起放入炖盅内，加适量清水，隔水炖 1 小时即可。

食用宜忌

此汤清淡美味，一般人皆可食用；煲此汤时要先用小火炖，然后再转大火。

菠萝苦瓜鸡汤

口味 咸鲜　　时间 40 分钟

技法 煲　　功效 降低血糖，清热明目

菠萝益气血、消食祛湿，苦瓜降火，二者与鸡肉煮汤，可解暑泻火、美白消脂、健胃降糖。

原料

鸡肉 300 克，菠萝、苦瓜各 100 克，盐 3 克，白糖适量

做法

1. 鸡肉洗净，剁块，撒盐腌渍半小时；苦瓜切块；菠萝去皮，去芽眼，切块，盐水浸泡；苦瓜焯水，沥干。
2. 将苦瓜、菠萝、鸡肉与适量清水一起倒入电饭煲，用煲汤档煮至跳档，加盐和白糖调味即可。

食用宜忌

此汤非常适合老年人食用。

苦瓜鲤鱼汤

口味 咸鲜　　时间 40分钟
技法 煲　　功效 降低血糖，消炎退热

苦瓜配以鲤鱼煲汤，可收清热降火、益气降糖之效。

原料
鲤鱼肉、苦瓜各300克，盐、糖各适量

做法
1. 苦瓜切块，焯水后捞出沥干；鲤鱼肉切片，撒盐，拌匀腌至入味。
2. 将苦瓜和鱼肉一同放入电饭煲中，加水调至煲汤档，煮好后加盐和糖调味即可。

食用宜忌
适合老年人食用；煮汤时，鱼片煮的时间不宜过长。

桂圆黄鳝汤

口味 咸香　　时间 40分钟
技法 煲　　功效 降低血糖，补脾益气

鳝鱼具有降低血糖的作用，搭配养心安神的桂圆，效果更佳。

原料
黄鳝400克，蒜10克，桂圆、枸杞、盐、油各适量

做法
1. 黄鳝切块，腌渍；蒜去皮；桂圆、枸杞洗净。
2. 炒锅倒入蒜，加油烧热，炸至呈黄色后捞出沥油。
3. 电饭煲加水放入所有食材，煮至跳档，调味即可。

食用宜忌
此汤适合老年人食用；需服用苦味健胃药者忌食。

黄精山楂脊骨汤

口味 咸鲜　　时间 3.5小时
技法 煲　　功效 降糖消肿，益肾润肺

黄精、山楂与猪脊骨煲汤是血糖高者的食疗佳品。

原料
黄精50克，山楂20克，猪脊骨500克，盐5克

做法
1. 将黄精、山楂洗净，浸泡1小时。
2. 猪脊骨斩块，洗净，汆水。
3. 将清水2 000毫升放入瓦煲，煮沸加入以上汤料，大火煲开改小火煲3小时，加盐调味即可。

食用宜忌
适宜糖尿病、血脂增高、冠心病者食用；脾胃虚寒者忌食。

胡萝卜香菇海蜇汤

口味 咸鲜　　时间 3 小时
技法 煲　　功效 清热消滞，降脂降糖

胡萝卜、海蜇加香菇有软坚散结、补中健胃之效。

原料

胡萝卜、猪瘦肉各 150 克，香菇 30 克，马蹄、海蜇头各 100 克，盐 5 克

做法

1. 胡萝卜去皮，切块；猪瘦肉切块，汆水；香菇去蒂，泡发；马蹄洗净；海蜇头浸泡，汆水。
2. 瓦煲加水煮沸，放食材煲开续煲 3 小时，加盐调味。

食用宜忌

适宜糖尿病及高脂血症患者食用；大便溏泄者不宜饮用本汤。

苦瓜蚝豉瘦肉汤

口味 咸鲜　　时间 2 小时
技法 煲　　功效 清热降糖，除烦明目

苦瓜、蚝豉、猪瘦肉三者合用，可辅助治疗高脂血症、肥胖症等。

原料

苦瓜 400 克，蚝豉 60 克，猪瘦肉 500 克，盐 5 克

做法

1. 苦瓜去瓤，切块；蚝豉浸泡 2 小时；猪瘦肉切块。
2. 将清水 2 000 毫升放入瓦煲，煮沸加入以上食材，煲沸改小火煲 2 小时，加盐调味即可。

食用宜忌

适宜糖尿病、高血压、高脂血症患者食用；脾胃虚寒者慎用。

沙参玉竹炖甲鱼

口味 咸鲜　　时间 3 小时
技法 炖　　功效 滋养肺胃，降糖消渴

甲鱼、沙参、玉竹合用有降血糖、降血压、强心之效。

原料

甲鱼 1 只，北沙参、玉竹各 15 克，生姜 2 片，盐适量

做法

1. 用沸水烫甲鱼，让其排尽尿，剖净，斩块。
2. 北沙参、玉竹、生姜洗净。
3. 炖盅加适量清水，放食材，隔水炖 2~3 小时，加盐调味即可。

食用宜忌

适宜糖尿病、高血压者食用；做此汤宜用北沙参。

高血压 高血压是指在静息状态下动脉收缩压或舒张压增高，常伴有脂肪和糖代谢紊乱，以及心、脑、肾和视网膜等器官的疾病。

番茄豆芽汤

口味 咸鲜　　时间 30 分钟
技法 煮　　功效 生津止渴，降低血压

绿豆芽具有清热解毒、利尿除湿的作用，适合湿热郁滞、口干口渴、小便赤热等人群食用。

原料

番茄 200 克，绿豆芽 50 克，盐少许

做法

1. 将番茄洗净，切块状。
2. 将绿豆芽洗净，去根。
3. 待锅内水开后，先加入番茄熬煮，再加入绿豆芽煮至熟，加盐调味即可。

食用宜忌

一般人均可食用；急性肠炎、菌痢及溃疡活动期患者慎食此汤。

山楂瘦肉汤

口味 咸鲜　　时间 1 小时
技法 炖　　功效 滋阴潜阳，降低血压

山楂能扩张外周血管，调节中枢神经系统功能，配以猪瘦肉具有降低血压、化食消积的作用。

原料

山楂 15 克，猪瘦肉 200 克，植物油、姜、葱段、盐各适量

做法

1. 山楂洗净；猪瘦肉去血水，切块；姜拍松。
2. 锅内加入植物油，烧至六成热时，下入姜、葱爆香，加水烧沸后下入猪肉、山楂、盐，小火炖 50 分钟即成。

食用宜忌

适于肝阳上亢型高血压患者；脾胃虚弱、大便稀薄者忌食。

灵芝山药鸡腿汤

口味 咸鲜　　时间 1.5 小时

技法 炖　　功效 保肝降脂，降低血压

灵芝、山药合用可增强机体免疫力，更加有益健康。

原料

香菇、山药、丹参各 10 克，鸡腿 500 克，灵芝 3 片，杜仲 5 克，红枣 6 颗，盐适量

做法

1. 香菇泡发；灵芝切丝，与其余药材同装纱布袋；鸡腿斩块，汆烫，捞起。
2. 炖锅加水烧开，放入食材煮沸，炖约 1 小时，加盐。

食用宜忌

适宜一般人在春季食用；脾虚泄泻者忌食此汤。

扁豆牛肉丸汤

口味 咸鲜　　时间 20 分钟

技法 煲　　功效 降低血压，消肿解暑

扁豆高钾低钠，常食可保护心脑血管，调节血压。

原料

土豆、胡萝卜、扁豆各 200 克，牛肉 400 克，盐 5 克，鸡精 1 克，淀粉适量

做法

1. 牛肉切末；胡萝卜、土豆去皮切块；扁豆切段。
2. 牛肉末加盐和淀粉，搓成丸子；胡萝卜焯水，沥干。
3. 所有食材同放电饭煲，煮好后加盐和鸡精调味即可。

食用宜忌

适宜脾胃虚弱及患有高血压的老年人食用；腹胀患者忌食。

无花果土鸡汤

口味 咸鲜　　时间 20 分钟

技法 煲　　功效 降低血压，增进食欲

无花果可抗炎消肿，能全面提高人体抗病能力。

原料

土鸡肉 400 克，枸杞 2 克，无花果、红枣各 5 克，盐适量

做法

1. 鸡肉剁块，腌渍；枸杞、红枣、无花果泡发沥干。
2. 电饭煲加水放鸡肉、枸杞、无花果、红枣，用煲汤档烧至跳档，加盐调好味即可。

食用宜忌

适宜消化不良、高血压者食用；脑血管意外、脂肪肝者忌食。

香菇凤爪火腿汤

口味 咸香　　时间 25 分钟
技法 煲　　功效 降低血压，促进消化

香菇中含有 30 多种酶，有抑制血液中胆固醇升高和降低血压的作用。

原料

香菇100克，凤爪400克，火腿200克，莲藕150克，胡萝卜10克，盐、白醋各适量

做法

1. 凤爪洗净剁成块，加清水和白醋浸泡；火腿切块；胡萝卜、莲藕去皮，洗净切片；将香菇泡发，沥干水后切成块。
2. 将所有食材一同放入电饭煲中，加水调至煲汤档，煮好后加盐调味即可。

食用宜忌

此汤适宜患有高血压等症的老年人食用；选购鸡爪时要选多皮、多筋，胶质大的。

冬瓜干贝虾汤

口味 咸鲜　　时间 15 分钟
技法 煲　　功效 降低血压，补益脾胃

干贝具有滋阴补肾、和胃调中的功能，对头晕目眩、脾胃虚弱等症可起到食疗作用，常食有助于降血压、降胆固醇、补益健身。

原料

鲜虾、冬瓜各 300 克，干贝 100 克，姜、盐各适量

做法

1. 将鲜虾洗净，切去虾须去肠泥；冬瓜洗净，连皮切块；姜洗净切片。
2. 干贝用水泡软，捞出沥干，并撕成小块。
3. 炒锅倒水加热，下入冬瓜焯水后捞出沥干。
4. 将虾、冬瓜、干贝一同放入电饭煲中，加姜片、水调至煲汤档，煮好后加盐调味即可。

食用宜忌

此汤适合老年人食用，尤其是高血压患者；煲汤时冬瓜留皮，可清热去火，此汤营养价值高。

莴笋豆干榨菜汤

口味 咸鲜　　时间 15 分钟
技法 煲　　功效 降低血压，改善贫血

莴笋对高血压、水肿、心脏病患者有一定的食疗作用，还可治疗缺铁性贫血。

原料

莴笋 100 克，黑木耳、榨菜各 50 克，豆干 300 克，盐、鸡精各适量

做法

1. 豆干切丝；莴笋洗净，去皮切片；榨菜洗净；黑木耳泡发后洗净，沥干水，撕成小块。
2. 炒锅注水烧热，下入黑木耳和莴笋焯水后捞出沥干；将所有食材一同放入电饭煲中，加水调至煲汤档，煮好后加盐和鸡精调味即可。

食用宜忌

此汤适宜老年人食用；莴笋不宜经常或过量食用，否则会导致夜盲症或诱发其他眼疾。

口蘑鹌鹑蛋汤

口味 咸鲜　　时间 15 分钟
技法 煲　　功效 降低血压，补益气血

口蘑能治疗因缺硒引起的血压上升和血黏稠度增加，可抑制血清和肝脏中胆固醇上升，还可防治便秘、预防糖尿病等。

原料

口蘑 200 克，银耳 50 克，鹌鹑蛋 100 克，番茄 80 克，盐、糖各适量

做法

1. 口蘑、番茄分别洗净，切块；银耳用清水泡发后洗净，撕成小块；鹌鹑蛋煮熟，剥去壳备用。
2. 口蘑、银耳、鹌鹑蛋、番茄和糖一起放入电饭煲，加适量水，用煲汤档煮好后加盐调味即可。

食用宜忌

此汤适宜老年人食用；煮鹌鹑蛋时，要冷水下锅，放点盐，煮好的蛋再放入冷水中泡一下，这样就很好去壳了。

冰糖炖木瓜

口味 清甜　　时间 30分钟
技法 煲　　功效 降低血压，解毒消暑

木瓜有健脾胃、助消化、通两便、清暑解渴、解酒毒、降血压、解毒消肿、驱虫、强筋骨、舒筋络、祛风湿等功效。

原料

木瓜300克，冰糖8克

做法

1. 木瓜洗净，去皮、去瓤，切成小块。
2. 将木瓜沥干水，放入电饭煲中。
3. 加适量水，按下煮饭键，煮至自动跳档。
4. 加冰糖调好味，盛出即可食用。

食用宜忌

此汤尤其适宜患有便秘、高血压、水肿等的老年人食用；木瓜本身可以生吃，不宜炖太久。

桂圆山楂汤

口味 清甜　　时间 20分钟
技法 煲　　功效 降低血压，利水消肿

桂圆可用于治疗脾胃虚弱、气血不足、体虚乏力等，与有扩张血管、降低血压、降低胆固醇之效的山楂共食，有很好的食疗效果。

原料

桂圆100克，山楂300克，冰糖适量

做法

1. 山楂洗净去蒂，切成薄片。
2. 桂圆放入碗中，用温开水泡软，然后捞出沥干。
3. 将山楂和桂圆一起放入电饭煲中，加适量水。
4. 倒入冰糖，用煮饭档煮至自动跳档即可。

食用宜忌

此汤适宜有高血压、高脂血症、冠心病等症的老年人食用；山楂不宜与海鲜、猪肝、人参同食。

银耳枸杞炖雪梨

口味 清甜　　时间 25 分钟
技法 煮　　功效 降低血压，安神宁心

梨有清热消痰、降低血压、镇静安神的作用，适用于高血压、心脏病、口渴便秘、头晕目眩、失眠多梦等患者。

原料

银耳、百合各 40 克，雪梨 300 克，枸杞 10 克，冰糖 8 克

做法

1. 雪梨洗净，去皮去核，切成小块；银耳洗净，泡发后撕成小块；枸杞洗净；百合洗净。
2. 将银耳、百合、雪梨、枸杞、冰糖一起放入电饭煲中，加适量水，用煮饭档煮至自动跳档即可。

食用宜忌

此汤适宜心烦不安、燥热上火的老年人食用；煲汤时将银耳煲到黏稠，口感会更好。

海带萝卜汤

口味 咸鲜　　时间 2 小时
技法 炖　　功效 降血压，除烦躁

海带可调顺肠胃，促进胆固醇的排泄；白萝卜有助于增强机体的抗病能力，二者加上海蜇皮，降压降脂的作用显著。

原料

泡发海带 50 克，白萝卜 300 克，海蜇皮 50 克，盐适量

做法

1. 海带洗净，切段；白萝卜去皮切块；海蜇皮洗净，切丝。
2. 将以上食材放入炖盅，加适量清水，炖 2 小时至白萝卜熟软，加盐调味即可。

食用宜忌

此汤非常适合高血压患者食用；注意吃海带后不要马上喝茶，也不要立刻吃酸涩的水果。

月经不调 月经不调包括经期提前、月经推迟、经期过长、月经过多等。除了月经不调，有的人还会有痛经、失眠的烦恼。

当归三七炖乌鸡

口味 咸鲜　　时间 2 小时

技法 炖　　功效 补血调经，祛淤止痛

有补血作用的当归和三七与有延缓衰老、补血养肾功效的乌鸡同炖汤，有调经止痛、补血之效。

原料

当归 20 克，三七 7 克，乌鸡 150 克，盐 5 克

做法

1. 当归、三七洗净；乌鸡洗净，斩块。
2. 乌鸡块放入开水中煮 5 分钟，捞出用冷水洗净。
3. 把全部食材放入瓦煲内，加适量开水，小火炖 1~2 小时，加盐调味即可。

食用宜忌

适用于久病体弱、贫血、月经不调的女性；热性体质者慎用此汤。

当归黄芪煲羊肉

口味 咸鲜　　时间 3.5 小时

技法 煲　　功效 补血活血，调经止痛

当归补血活血，黄芪补气固表，羊肉益气补虚，三者合而为汤，适于气血不足、月经不调者。

原料

当归、川芎、黄芪各 10 克，羊肉 300 克，猪瘦肉 100 克，生姜 15 克，盐 5 克

做法

1. 当归、川芎、黄芪洗净，沥干；生姜切片；羊肉、猪瘦肉切块氽去血迹，捞出洗净。
2. 全部食材同放瓦煲，加水煮开后续煲 3 小时，调味即可。

食用宜忌

适合身体虚弱、面色苍白、腰膝酸软、血枯经闭者；大便溏泄、血虚者忌食。

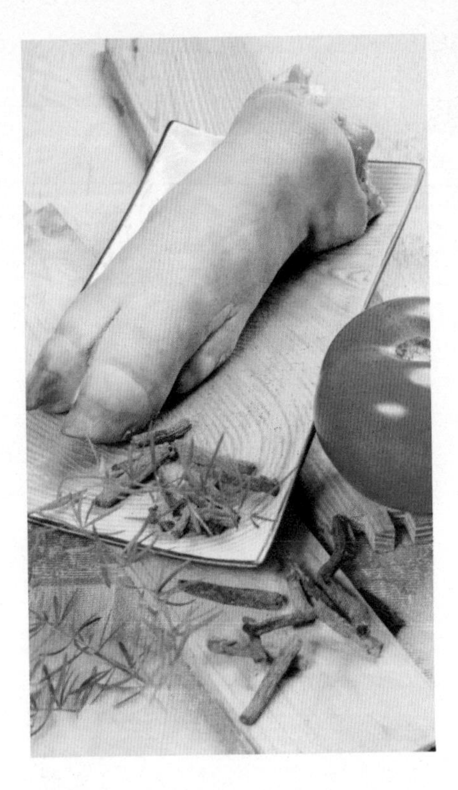

牛膝炖猪蹄

口味 咸鲜　　时间 1小时
技法 煮　　功效 活血调经，祛淤止痛

牛膝具有活血通经、祛风除湿、强筋健骨的功效，猪蹄具有补虚弱、填肾精、健腰膝的功能，二者同炖补肾、活血的功效更显著。

原料

猪蹄300克，土牛膝15克，番茄1个，盐3克

做法

1. 猪蹄剁块，放入沸水中汆烫，捞起用清水洗净。
2. 番茄洗净，在表皮轻划数刀，放入沸水中烫到皮翻开，捞起去皮，切块。
3. 将备好的食材和土牛膝一起放入锅中，加适量水以大火煮开，然后转小火续煮30分钟，加盐调味即可。

食用宜忌

此汤一般人皆可食用；孕妇、肾虚滑精者忌用土牛膝。

四物鸡汤

口味 咸鲜　　时间 1小时
技法 炖　　功效 调经理带，补精益髓

熟地滋阴养血，当归补血养肝、和血调经，白芍补血柔肝，川芎活血行滞，四药相合，可用于治疗月经不调、脐腹作痛及崩中漏下等症。

原料

鸡腿150克，熟地25克，当归15克，川芎5克，炒白芍10克，盐4克

做法

1. 鸡腿洗净，剁块，放入沸水中汆烫，捞出用清水洗净；中药材以清水冲净。
2. 将鸡腿和所有药材放入炖锅，加适量水，以大火煮开后转小火续炖40分钟。
3. 起锅前加盐调味即可。

食用宜忌

此汤是老少皆宜的冬季滋补药膳，对女性朋友尤为适宜；凡阴虚火旺、多汗及月经量过多者应慎用川芎。

木瓜煲乌鸡

口味 咸鲜　　时间 1小时
技法 煲　　功效 补血养颜，益阴养阴

乌鸡可提高生理功能、延缓衰老、强筋健骨，还能治疗女性缺铁性贫血，配上木瓜煲汤，非常适合女性食用。

原料

木瓜半个，乌鸡1只，红枣3颗，姜2片，盐适量

做法

1. 乌鸡汆水，洗净；木瓜去皮，切大块。
2. 将木瓜、乌鸡、红枣、姜片一起放入沸水中以大火煲5分钟，用汤勺撇去浮油及表面的泡沫，改小火煲40分钟，调味即可。

食用宜忌

此汤适合有月经不调、子宫虚寒、行经腹痛等症的女性食用；患严重皮肤疾病者宜少食或忌食乌鸡。

鹿茸炖乌鸡

口味 咸香　　时间 1小时
技法 蒸　　功效 温中补肾，益精养血

鹿茸可用于补肾、益阳，也可促进钙的吸收、骨骼的生长，增强心脏、肌肉的功能，搭配乌鸡炖汤可养精补血、调理月经。

原料

乌鸡250克，鹿茸10克，盐适量

做法

1. 将乌鸡洗净，切块，入沸水中汆烫；鹿茸洗净。
2. 将乌鸡与鹿茸一起放入炖盅内，加开水适量，小火隔水蒸熟，调味服食。

食用宜忌

此汤特别适宜宫冷、肾虚精衰不孕、月经不调、经血色淡量少的女性食用；此汤忌与生冷、寒凉之品同食。

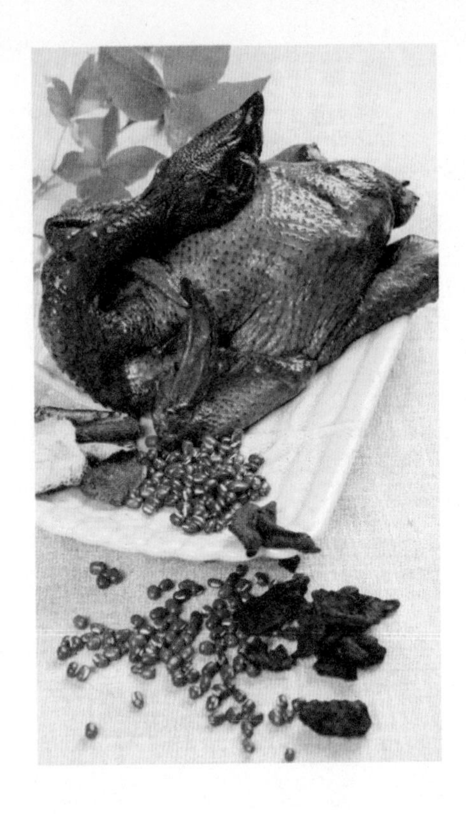

黄精乌鸡汤

口味 咸鲜　　时间 3.5 小时
技法 煲　　功效 补血养颜，强健身体

本汤有滋补肝血、黑发明目之效，血气不足、肝肾亏损、头晕眼花、须发早白、月经不调或不孕等都可用本汤作食疗。

原料

红豆 200 克，黄精 50 克，陈皮 10 克，乌鸡 1 只，盐适量

做法

1. 红豆、陈皮分别用清水浸透，洗净；黄精洗净；乌鸡剖洗净，去毛、去内脏，切块。
2. 将以上食材一起放入已经煲沸了的水中， 继续用中火煲 3 小时左右，以少许盐调味即可。

食用宜忌

此汤适合脾虚体弱、精神不振、面色苍白、无胃口、月经不调的女性饮用；热性体质者要少饮此汤。

川芎当归羊肉汤

口味 咸香　　时间 2.5 小时
技法 煲　　功效 行气开郁，活血养血

川芎适用于各种淤血阻滞病症，尤为妇科调经要药，配上当归及羊肉，具有补血调经等功效。

原料

川芎 15 克，当归 10 克，羊肉 300 克，生姜片 5 克，八角、陈皮、胡椒、盐各适量

做法

1. 川芎、当归洗净；羊肉洗净，切块。
2. 锅内加水烧开，放入羊肉焯去血迹，捞出洗净。
3. 川芎、当归、羊肉、生姜片、八角、陈皮、胡椒一起放入瓦煲内，加适量清水，猛火煮开后改用小火煲 2 小时，加盐调味即可。

食用宜忌

对血虚寒凝、月经不调、经行腹痛、经期推迟、月经量少等症有调理作用；月经过多、阴虚火旺、舌质红者和有出血性疾病的患者不宜饮用本汤。

消化不良 消化不良是指具有腹痛、腹胀、嗳气、反酸、恶心、呕吐、食欲不振等不适现象的症状。饮食调节是改善消化不良的方法之一。

花生木瓜排骨汤

口味 咸鲜　　时间 40分钟

技法 煲　　功效 养颜补血，助消化

花生健脾开胃，木瓜平肝和胃，二者配以排骨具有清暑解热、滋润皮肤、润肠通便的功效。

原料

木瓜半个，花生仁80克，排骨150克，盐适量

做法

1. 木瓜去皮、去核，洗净，切粗块；花生仁洗净。
2. 排骨斩好，用盐搓一遍，入锅，再放入木瓜块、花生仁，加水，用中火慢慢煲。
3. 煲至花生熟透时，加少许盐调味即可。

食用宜忌

适合胆固醇偏高者食用；花生消化吸收率较低，不宜多食。

无花果花生猪肚汤

口味 咸香　　时间 2小时

技法 煲　　功效 健脾益胃，去燥利咽

此汤有健肠胃、祛秋燥等功效，对消化不良、肺热咳嗽者有疗效。

原料

无花果60克，花生50克，猪肚600克，生姜3片，盐适量

做法

1. 无花果浸泡；花生去壳，浸泡；猪肚用生粉反复搓洗，再用清水洗净，切成条状。
2. 猪肚与生姜放进瓦煲，加水以大火煲沸，放花生、无花果，改小火煲2小时，调味即可。

食用宜忌

男女老少皆宜，尤其适合消化不良、燥热之人食用。

粉丝瘦肉汤

口味 咸鲜　　时间 1小时
技法 煲　　功效 清热开胃，助消化

节瓜清热解毒、利尿消肿，配上可口开胃的粉丝、咸蛋及富含营养的瘦肉，可助消化、抗衰老。

原料

粉丝50克，节瓜400克，咸蛋1个，猪瘦肉300克，花生油10毫升，生粉3克，味精1克，酱油5毫升，糖、盐各5克

做法

1. 粉丝洗净；节瓜去皮，切片；咸蛋取蛋清和蛋黄备用；猪瘦肉切片，放调味料腌30分钟。
2. 瓦煲加水，煮沸加入花生油、节瓜、咸蛋黄，滚20分钟后加入粉丝，煲5分钟后放入猪瘦肉，煮至猪瘦肉熟，加入咸蛋清略微搅拌，加盐调味即可。

食用宜忌

此汤主要适宜消化不良、食欲不振者食用。

香梨煲鸭胗

口味 咸鲜　　时间 1.5小时
技法 煲　　功效 清热降火，助消化

鸭胗铁元素含量丰富，具有健胃消食的功效，尤其适合贫血及消化不良患者食用。

原料

银耳35克，香梨1个，鸭胗30克，枸杞5克，熟鸡油5毫升，清汤适量，生姜6克，味精2克，白糖1克，盐3克，胡椒粉少许，料酒2毫升

做法

1. 银耳泡发切小朵；香梨去籽、去皮切厚片；鸭胗洗净切片；枸杞泡透；生姜去皮，切片；锅内加水烧开，下入鸭胗片，用小火煮透，倒出待用。
2. 在瓦煲内加入鸭胗、银耳、香梨、生姜、胡椒粉、枸杞、料酒，注入清汤，用大火煲50分钟，调入盐、味精、白糖，淋入熟鸡油再煲15分钟即可食用。

食用宜忌

适宜肝炎、肝硬化、肾功能不全者；肠炎患者忌食。

玉米脊骨汤

口味 咸香　　时间 3.5 小时
技法 煲　　功效 **健脾开胃，助消化**

玉米是营养价值极高的食物，有健脾益胃、防癌抗癌的作用，与排骨搭配炖汤，既能开胃益脾又可润肺养心。

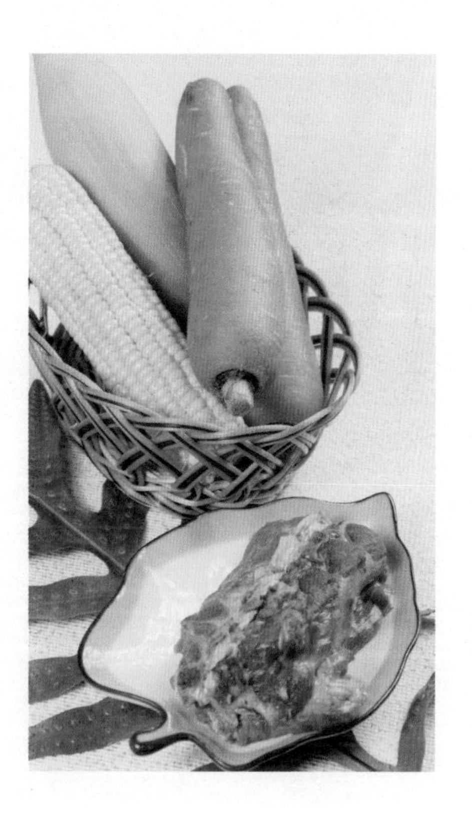

原料

鲜玉米 350 克，胡萝卜 250 克，猪脊骨 600 克，盐 5 克

做法

1. 鲜玉米切段；胡萝卜去皮切块；猪脊骨斩块氽水。
2. 将清水 2 000 毫升放入瓦煲内，煮沸后加入以上食材，大火煲沸后改用小火煲 3 小时，加盐调味即可。

食用宜忌

用于高血压、糖尿病、胃口欠佳者；肾虚尿频者不宜多饮本汤。

胡椒猪肚汤

口味 咸香　　时间 50 分钟
技法 煲　　功效 **健脾胃，补虚损**

胡椒具有温中下气、消痰解毒的功效，可用于治疗风寒感冒、寒痰食积、脘腹冷痛、反胃、呕吐清水、泄泻冷痢、食欲不振等病症。

原料

猪肚 600 克，白胡椒 15 克，盐适量

做法

1. 猪肚反复用水冲洗干净，备用。
2. 把白胡椒研碎，放入猪肚内，并留少许水分。
3. 把猪肚头尾用线扎紧，中火煲至猪肚酥软，加盐调味即可。

食用宜忌

此汤适合胃寒、心腹冷痛、消化不良、吐清口水、胃虚性寒、十二指肠溃疡者食用；煲猪肚汤所需时间较长，因此建议使用焖烧锅。

莲子山药鹌鹑汤

口味 咸香　　时间 4 小时
技法 煲　　功效 健脾开胃，帮助消化

莲子、山药与鹌鹑配伍煲汤，具有健脾益胃、清除湿热、补益气血、润泽肌肤等功效。

原料
莲子、山药各 50 克，鹌鹑 1 只，猪瘦肉 150 克，盐 5 克

做法
1. 莲子去心，泡发；山药浸泡 1 小时；鹌鹑剖净，汆水；猪瘦肉洗净，汆水。
2. 将清水 2 000 毫升放入瓦煲内，煮沸后加入以上食材，大火煲开后改用小火煲 3 小时，加盐调味即可。

食用宜忌
此汤尤其适合脾胃虚弱、胃口欠佳及消化不良者食用；煲此汤时要等水煮沸后再下料。

番茄鹌鹑蛋汤

口味 咸鲜　　时间 1 小时
技法 煮　　功效 清热开胃，补血健脑

鹌鹑蛋有补益气血、强身健脑、降脂降压、丰肌泽肤等功效，对贫血、营养不良、神经衰弱、支气管炎患者具有调补作用。

原料
番茄 200 克，紫菜 20 克，鹌鹑蛋 8 只，花生油 8 毫升，盐 5 克

做法
1. 番茄去蒂切片；紫菜浸泡 15 分钟，洗净；鹌鹑蛋去壳，拌成蛋液备用。
2. 将适量清水放入锅内，烧沸后加入花生油、番茄、紫菜，煮 15 分钟，倒入鹌鹑蛋液，略搅拌，加盐调味即可。

食用宜忌
本汤对于热病后消化不良者尤为适宜；本汤较为寒凉，胃寒泄泻者慎用。

番茄胡萝卜咸肉汤

口味 咸鲜　　时间 40 分钟
技法 煮　　功效 清热润燥，健胃生津

番茄、胡萝卜、猪瘦肉三者煲汤有益胃生津、清热润燥之效，可用于牙龈肿痛、口腔溃疡患者。

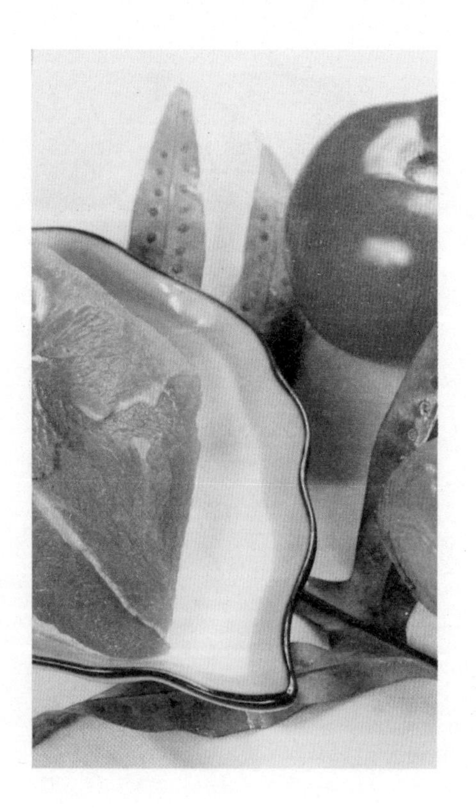

原料

猪瘦肉 250 克，番茄 200 克，胡萝卜 100 克，葱 1 根，盐适量

做法

1. 猪瘦肉洗净，抹干，切大块，用盐擦匀，腌 1 晚，第二天切小块；番茄切块；胡萝卜去皮切厚片；葱洗净，切葱花。
2. 咸肉、胡萝卜放入锅内，加水适量，煮 20 分钟，放番茄再煮 5 分钟，放入葱花、盐调味即可。

食用宜忌

此汤适合口渴、食欲不佳、消化不良之人食用；调味时注意，咸肉已有盐，加盐应适量。

四果瘦肉汤

口味 咸鲜　　时间 2.5 小时
技法 煲　　功效 健脾益胃，补肾通便

腰果营养丰富、味道香甜，具有润肠通便、润肤美容、延缓衰老的功效，可以提高机体的抗病能力、增进食欲。

原料

猪瘦肉 250 克，莲子、核桃仁、腰果、红豆各 100 克，盐 5 克

做法

1. 猪瘦肉洗净，切块；莲子、核桃仁、腰果、红豆洗净备用。
2. 锅中加适量水烧开，放入瘦肉汆烫，捞出沥干水。
3. 锅中加适量水烧开，加入所有食材，待沸后转用小火煲 2 小时，加盐调味即可。

食用宜忌

此汤尤其适宜消化不良、身体虚弱的患者食用；过敏体质者忌食此汤。

萝卜腊肉汤

口味 咸鲜　　时间 30 分钟
技法 煲　　功效 清热润燥，健胃生津

腊肉具有开胃祛寒、消食等功效，配以营养丰富的胡萝卜，食疗效果更好。

原料

腊肉 250 克，番茄 500 克，胡萝卜 2 根，葱 1 根，盐适量

做法

1. 番茄洗净，切块；胡萝卜去皮切厚片；腊肉洗净，切小块；葱洗净，切花。
2. 把腊肉、胡萝卜放入锅内，加清水适量，小火煲 20 分钟，放番茄再煲 5 分钟，放入葱花，调味即可。

食用宜忌

此汤适合食欲不佳或消化不良者食用；胃溃疡及胃酸过多者不宜饮用本汤。

双雪猪肺汤

口味 咸鲜　　时间 3.5 小时
技法 煲　　功效 滋阴润燥，促进食欲

雪梨、银耳、木瓜与猪肺同煲汤，可用于秋燥或肺燥引起的咳嗽痰少、口咽干燥，对消化不良、胃口欠佳者也有很好的疗效。

原料

雪梨 250 克，银耳 30 克，木瓜 500 克，猪肺 750 克，盐 5 克，姜 2 片

做法

1. 雪梨去心，切块；银耳浸泡，去蒂撕小朵；木瓜去皮、核，切块；猪肺挤干净血水，洗净，切块，飞水；锅烧热，放姜片，将猪肺干爆 5 分钟。
2. 将清水放入瓦煲内，煮沸后加入以上原料，大火煲沸后改用小火煲 3 小时，加盐调味即可。

食用宜忌

本汤寒凉，肺虚寒咳者慎用。

酸菜猪肚汤

口味 酸咸　　时间 3 小时
技法 煲　　功效 醒胃开胃，健胃消食

酸菜可保持胃肠道的正常生理功能，猪肚补虚损、健脾胃。因此，本汤有养胃、助消化的功效。

原料

酸菜、腐竹各 100 克，白果 30 克，猪肚 500 克，盐 5 克，姜 3 片

做法

1. 酸菜浸泡 1 小时，切丝；腐竹泡发，切段；白果去硬壳、红皮及心；猪肚洗净，入开水锅飞水。
2. 将清水放入瓦煲内，煮沸后放入姜片、猪肚，大火煲滚后改用小火煲 2.5 小时，取出猪肚，切片后再放入煲内，加酸菜、腐竹、白果再煲半小时，加盐调味即可。

食用宜忌

此汤用于消化不良、胃口欠佳者；白果有微毒，充分煮熟能使毒性减少，但不能过服，尤其是小儿。

山药薏米虾丸汤

口味 咸鲜　　时间 1 小时
技法 煲　　功效 补脾健胃，清热排脓

山药和薏米搭配具有补充气血、调和脾胃的功效，虾丸不仅营养丰富，且肉质易消化，三者同煲汤具有补虚健脾、助消化的功效。

原料

虾丸 500 克，薏米、山药、芡实各 50 克，生姜 10 克，盐 3 克，味精 2 克

做法

1. 薏米、山药、芡实洗净；生姜洗净，切片。
2. 将上述食材和虾丸一起放入汤煲中，加适量水，大火煲开后改用小火煲 30 分钟，加盐、味精调味即可。

食用宜忌

此汤用于病后欠补、脾胃虚弱、食欲不振、消化不良的老年人及因脾虚湿重而带下清稀、神疲乏力的女性；薏米在煲汤前应先用水泡一段时间。

第六章

不同人群喝
不同的汤

汤是我国的一种传统的菜品。随着人们生活水平的不断提高，越来越多的人开始追求健康饮食，汤也成为了餐桌上不可缺少的一道菜品。但是，不同人群的身体状况不同，对各种营养的需求也不同，且不同的汤对人体产生的食疗作用也会不一样。因此，喝汤要因人而异。

儿童和青少年 儿童和青少年正处于长身体的阶段，对蛋白质及维生素的需求量比较大，因此饮食方面要注意补充各种身体所需的营养物质。

瘦肉萝卜汤

口味 咸香　　时间 30 分钟

技法 煮　　功效 生津益气，润肺止咳

白萝卜配以猪瘦肉炖汤，有清热解毒、利咽消食、生津止渴之效，适用于咽喉肿痛、感冒等症。

原料

猪瘦肉、白萝卜各 100 克，芹菜 20 克，胡萝卜 50 克，生姜 6 克，盐 3 克，花生油 5 毫升，白糖、鸡汤各适量

做法

1. 猪瘦肉剁泥；白萝卜、胡萝卜、生姜去皮切丝；芹菜切段；白萝卜、胡萝卜焯水，去苦味。
2. 入油炒香姜丝、肉泥，加鸡汤烧开，放剩余原料。

食用宜忌

此汤适合厌食、消瘦、腹胀的儿童食用。

核桃排骨首乌汤

口味 咸鲜　　时间 3.5 小时

技法 煲　　功效 补气益肾，润肺止咳

核桃油可以促进脑细胞生长，何首乌含有对大脑有益的卵磷脂，二者同食具有提高记忆力的功效。

原料

排骨 200 克，核桃仁 100 克，何首乌 40 克，当归、熟地各 15 克，桑寄生 25 克，盐适量

做法

1. 排骨斩块，汆烫，沥干；何首乌、当归、熟地、桑寄生、核桃仁洗净。
2. 锅中加适量水，将所有食材以小火煲 3 小时，起锅前加盐调味即可。

食用宜忌

适合少年、儿童食用；腹泻便溏、咯血者忌食。

核桃鸽子汤

口味 咸鲜　时间 2.5 小时
技法 炖　功效 健脑安神，补脑强心

核桃、鸽子煲汤有补脑、补钙及补充蛋白质之效。

原料

银耳 30 克，黄精、核桃仁各 15 克，鸽子 1 只，猪瘦肉 100 克，生姜片、盐各适量

做法

1. 银耳泡发去蒂；黄精、核桃仁洗净；猪瘦肉切块，鸽子剖净，同汆去血水，捞出。
2. 将所有食材放炖盅，加水烧沸后炖 2 小时，加盐调味。

食用宜忌

此汤适合儿童食用；中寒泄泻、痰湿痞满、气滞者忌服此汤。

杜仲桂圆虾汤

口味 咸鲜　时间 1.5 小时
技法 煮　功效 补充钙质，提高视力

虾可保护眼睛、消除疲劳，与各药材炖汤效果更佳。

原料

虾 200 克，金樱子 10 克，补骨脂 15 克，巴戟天 25 克，杜仲 20 克，桂圆肉 50 克，盐 5 克

做法

1. 虾剪去须，去尽泥肠。
2. 所有药材放砂锅，加水大火煮开转小火煎煮 1 小时；加入虾续煮 10 分钟，加盐调味。

食用宜忌

适宜儿童、孕妇及心血管疾病患者食用；有皮肤病者忌食虾。

甘蔗排骨汤

口味 清甜　时间 25 分钟
技法 煲　功效 开胃消食，润肺生津

甘蔗有清热、生津、润燥之效，为夏暑秋燥之良药。

原料

排骨 400 克，甘蔗 100 克，马蹄 80 克，红枣 10 克，盐适量

做法

1. 排骨剁块腌渍；马蹄去皮；红枣洗净；甘蔗去皮切块。
2. 排骨、甘蔗、马蹄、红枣放入电饭煲中，加适量水，用煲汤档煮好后加盐调味即可。

食用宜忌

此汤适合儿童食用；脾胃虚寒、胃腹寒疼者忌食甘蔗。

金针菇炖鸭

口味 咸鲜　时间 25 分钟
技法 煲　功效 增强免疫力，健脑增智

金针菇能增强智力及机体生物活性，对生长发育非常有益。

原料
鸭肉 400 克，金针菇 200 克，姜 3 克，盐适量

做法
1. 鸭肉切块，腌渍；姜切片；金针菇洗净，焯水。
2. 鸭肉、金针菇和姜片放电饭煲中，加适量水，调至煲汤档煮至跳档，加盐调好味即可。

食用宜忌
此汤适合儿童食用；脾胃虚寒之人少食金针菇。

糯米红枣汤

口味 清甜　时间 30 分钟
技法 煮　功效 增强免疫力，补益脾胃

糯米具有温补脾胃的功效，能够缓解气虚所导致的盗汗等症状。

原料
去心莲子 100 克，糯米 200 克，红枣 50 克，冰糖适量

做法
1. 糯米泡发，沥干；红枣去核切块；去心莲子洗净。
2. 莲子、糯米、红枣放入电饭煲，加适量水，加入适量冰糖，用煮饭档煮至自动跳档即可。

食用宜忌
此汤适合儿童食用；痰湿及积滞胀满者不宜食用此汤。

淡菜煲猪肉

口味 咸香　时间 1.5 小时
技法 煮　功效 补肝肾，益精血

淡菜可促进新陈代谢、保证身体的营养供给。

原料
猪五花肉 400 克，淡菜 50 克，葱段、酱油、料酒、白糖、生姜片、盐、猪油、胡椒粉各适量

做法
1. 淡菜泡开；猪肉切块，飞水，洗净油污。
2. 锅内放猪油，煸香生姜、葱段，加水放其余除胡椒粉外的原料，烧沸后煮 1 小时，撤胡椒粉即可。

食用宜忌
此汤适合儿童和青少年食用；肥胖者少食此汤。

胡萝卜土豆排骨汤

口味 咸香　　时间 40分钟
技法 炖　　功效 补充钙质，促进生长

胡萝卜对保护视力、促进儿童生长发育效果显著，排骨可为人体提供大量钙质，二者同食有很好的补益作用。

原料

胡萝卜、土豆各100克，排骨300克，盐、麻油、胡椒粉各少许

做法

1. 排骨敲断，氽去血水；胡萝卜、土豆去皮切段。
2. 炖锅里加适量水，放入排骨烧开，煮数分钟后再放入胡萝卜、土豆，用大火烧开后改小火炖至骨头肉烂熟，放入盐、麻油、胡椒粉调味即可。

食用宜忌

此汤适合生长发育期的少年；排骨一定要敲断，否则汤的营养要大打折扣。

益智仁牛肉汤

口味 咸香　　时间 3.5小时
技法 炖　　功效 益智强身，悦色延年

此汤可用于治疗脾寒泄泻、腹中冷痛、肾虚遗尿、小便频数等，适用于小儿健忘、注意力不集中等。

原料

益智仁30克，牛肉500克，生姜片、盐各适量

做法

1. 益智仁洗净。
2. 牛肉洗净，切块，放入沸水中氽去血水，捞出，洗净备用。
3. 将益智仁、牛肉、生姜片一起放入炖盅内，加适量开水，隔水炖3小时，加盐调味即可。

食用宜忌

此汤特别适合生长发育期的青少年食用；因热邪所致遗精、崩漏者忌服此汤。

老年群体 随着年龄的增长，老年人的各种器官逐渐退化，极易出现各种不适或疾病。从饮食调理方面来说，其饮食应清淡软烂、均衡营养。

黄豆芽猪血汤

口味 清香　　时间 40分钟
技法 烧　　功效 健脑，抗疲劳

黄豆芽可防止动脉硬化和老年高血压，常吃还有预防贫血、抗癌、防止牙龈出血等功效。

原料

黄豆芽、猪血各500克，姜4片，花生油适量，盐适量

做法

1. 黄豆芽洗净，去根，切段；猪血用清水洗净。
2. 炒锅烧热，下花生油，爆香姜片，下黄豆芽炒香，注水烧沸约30分钟，下猪血烧沸，加盐调味即可。

食用宜忌

适宜老年人、女性和正在发育期的少年儿童；猪血不宜食用过多。

麻仁当归猪肉汤

口味 咸香　　时间 2小时
技法 煲　　功效 养血润肠，补虚养阴

猪肉具有补虚强身、滋阴润燥、丰泽肌肤等功效，与火麻仁、当归合用煲汤，对身体虚弱、抵抗力下降者有很好的食疗效果。

原料

猪瘦肉500克，火麻仁60克，当归10克，蜜枣5颗，盐适量

做法

1. 将火麻仁、当归分别清洗干净；猪瘦肉清洗干净，切块。
2. 把全部食材放入瓦煲内，加清水适量，大火煮沸后，转小火煲2小时，调味供食用。

食用宜忌

此汤适合老年人、病后体弱及产后女性等血虚津枯之人食用，也适合阴血不足、肠中燥结者食用。

桂圆百合炖鹌鹑

口味 咸鲜　　时间 3 小时
技法 炖　　功效 补心养神，补脾益胃

桂圆开胃健脾、补心长智，百合清心安神，鹌鹑滋补益中，三者合而为汤滋补效果更好。

原料
桂圆肉 15 克，百合 30 克，鹌鹑 2 只，盐 5 克

做法
1. 桂圆肉、百合分别清洗干净，放清水中浸泡片刻，取出沥干。
2. 鹌鹑宰杀，去净毛及内脏，洗净。
3. 将所有食材放入炖盅内，加适量清水，盖上盅盖，隔水炖 3 小时，加盐调味即可。

食用宜忌
适宜老年人及脑力劳动者食用。

核桃熟地猪肠汤

口味 咸鲜　　时间 3.5 小时
技法 蒸　　功效 滋肾补肺，润肠通便

核桃、熟地黄、红枣与猪大肠同用，有润肠通便之效。

原料
猪肠 500 克，核桃仁 120 克，熟地 60 克，红枣 4 颗，盐适量

做法
1. 核桃仁用开水烫，去衣；熟地洗净；红枣去核；猪肠汆烫，切小段。
2. 把全部食材放入蒸锅内，加适量清水，小火隔水蒸 3 小时，调味供用。

食用宜忌
适合老年人或病后津液不足之人食用；大便溏泄、痰热咳喘者不宜用本汤。

红豆牛奶汤

口味 香甜　　时间 20 分钟
技法 滚　　功效 补血利尿，消肿去淤

牛奶富含钙质，红豆富含铁质，具有利水消肿的功效，二者同食，可有效增强骨骼韧性，对中老年人非常有利。

原料

红豆 15 克，低脂鲜奶 190 毫升，果糖 5 克

做法

1. 红豆洗净，水泡 8 小时。
2. 将红豆加适量水以中火煮熟，再用搅拌机搅烂成红豆泥，备用。
3. 将红豆、果糖、低脂鲜奶放入碗中，搅拌混合均匀即可食用。

食用宜忌

适宜中老年人、体虚、食欲不振者；红豆也可打成汁或糊状。

海带豆腐鲜虾汤

口味 咸鲜　　时间 1 小时
技法 炖　　功效 清热利水，止咳平喘

鲜虾和豆腐都含有很高的钙质，与有抗辐射作用的海带一同煲汤，具有补钙、防骨质疏松之效。

原料

豆腐 1 块，海带 100 克，鲜虾 10 克，葱、姜末各 5 克，盐 2 克，花生油 30 毫升，清汤 400 毫升

做法

1. 海带泡软，切片；豆腐切成小方丁，焯水，捞起沥干水分；虾洗净，剥壳取仁。
2. 锅内下花生油烧热，煸香葱、姜末，下清汤烧开，改小火，放海带、豆腐、虾，炖半小时，放盐调味即可。

食用宜忌

此汤是老年糖尿病、动脉硬化患者的理想食疗汤品；葱、姜煸黄即可。

南瓜鲜虾汤

口味 咸鲜　　时间 1小时

技法 煮　　功效 补中益气，抗细胞氧化

南瓜能帮助食物消化，与鲜虾煮汤，具有养胃、补钙的功效。

原料

南瓜300克，鲜虾200克，盐5克

做法

1. 南瓜削皮去籽，切块；鲜虾剪去须足，挑去肠泥。
2. 南瓜放锅内，加水盖过食材，煮沸转小火煮至南瓜将熟，放虾续煮至虾壳完全转红，加盐调味。

食用宜忌

肥胖者和中老年人适合食用此汤；过敏性疾病患者忌吃虾。

南瓜蔬菜汤

口味 清淡　　时间 1小时

技法 滚　　功效 促进消化，抑菌消炎

南瓜解毒，与圆白菜同食可提高人体免疫力，能有效预防感冒。

原料

南瓜、圆白菜各250克，鲜牛奶300毫升，盐3克

做法

1. 南瓜去籽、削皮，切块，煮至熟烂，捞起。
2. 将南瓜倒入果汁机中加牛奶打匀。
3. 圆白菜切块，加牛奶、菜汁，煮至熟软，加盐调味。

食用宜忌

肥胖者和中老年人尤其适合食用此汤；南瓜最好不与羊肉同食。

黄花菜香菇瘦肉汤

口味 咸鲜　　时间 1.5小时

技法 煲　　功效 滋补健脑，清热祛湿

此汤富含各种营养成分，是老年人的食疗佳品。

原料

黄花菜150克，香菇(干品)10克，猪瘦肉250克，麻油、料酒、盐、姜片各适量

做法

1. 黄花菜泡发；香菇泡发切丝；猪瘦肉切块汆水。
2. 香菇丝、姜片、猪瘦肉放瓦煲，加水煮沸放黄花菜，小火煲1小时，加麻油、料酒、盐调味。

食用宜忌

适宜记忆力减退的老年人及阿尔茨海默病患者食用；忌食鲜黄花菜。

茯苓黄花猪心汤

口味 咸鲜　　时间 2.5 小时
技法 煲　　功效 健脾养血，清心安神

黄花菜有消炎、清热等功效，有助于改善睡眠；猪心能安神定惊、养心补血，二者同食可宁神助眠。

原料

茯苓 30 克，黄花菜 20 克，猪心 200 克，盐适量，生姜片 5 克

做法

1. 茯苓稍浸泡；黄花菜浸泡后用力挤出水分；猪心洗去血污，汆烫 3 分钟，捞起切片。
2. 将所有食材与姜片放汤煲，加 2 000 毫升清水，大火煮沸改小火煲 2 小时，加盐调味即可。

食用宜忌

此汤特别适合阿尔茨海默病患者食用；汆去猪心血污，汤味更美。

玉竹沙参炖鹌鹑

口味 咸鲜　　时间 2 小时
技法 炖　　功效 补中益气，强健身体

鹌鹑肉补中益气、利五脏、强健身体，玉竹和沙参清热、养阴、润燥，同食可清燥润肺、滋阴清补。

原料

鹌鹑 2 只，猪瘦肉 50 克，玉竹 8 克，沙参、百合各 6 克，姜片 5 克，绍酒 5 毫升，盐、味精各少许

做法

1. 玉竹、百合、沙参浸透，洗净；鹌鹑剖净斩块，汆去血水；猪瘦肉切块，汆去血水。
2. 所有食材和姜片放汤煲，加沸水淹过食材，大火炖 30 分钟，小火炖 1 小时，调味即可。

食用宜忌

适合中老年人及高血压、肥胖症患者春季食用；鹌鹑忌与猪肝及菌类同食。

双丝番茄汤

口味 清淡　　时间 15分钟

技法 煲　　功效 防癌抗癌，生津止渴

番茄能生津止渴、健胃消食，其富含的番茄红素，具有抗氧化功能，能起到防癌抗癌的效果。

原料

粉丝400克，番茄200克，猪肉300克，盐适量

做法

1. 猪肉、番茄分别洗净切丝，猪肉腌渍；粉丝用清水泡软后捞出沥干。
2. 炒锅倒水烧热，下入番茄焯水，捞出沥干。
3. 将猪肉、番茄、粉丝放入电饭煲，加适量水，按下煮饭键，煮至跳档后加盐调味即可。

食用宜忌

此汤适合老年人食用；番茄不宜与黄瓜同时食用。

冬瓜肉丸汤

口味 咸鲜　　时间 15分钟

技法 煲　　功效 养心润肺，补中益气

猪肉滋养脏腑、润滑肌肤、滋阴养胃，且富含蛋白质、胆固醇和锌等，是人们常食的动物性食品。

原料

猪肉400克，冬瓜200克，盐、淀粉各适量

做法

1. 冬瓜切块；猪肉剁成肉末加淀粉，捏成肉丸子。
2. 炒锅倒水加热，下入冬瓜焯水，捞出沥干。
3. 冬瓜和肉丸子一同放入电饭煲中，加水调至煲汤档，煮好后加盐调味即可。

食用宜忌

此汤适合老年人食用；捏肉丸时，加入少量淀粉可以增强肉丸的黏性。

黄豆芽排骨汤

口味 咸鲜　　时间 25 分钟
技法 煲　　功效 养心润肺，利尿排毒

黄豆芽有滋阴清热、利尿解毒之效，因热证导致口干舌燥、咽喉疼痛者食用，能起到清肺热、除黄痰、滋润内脏之功效。

原料

黄豆芽、豆腐各 300 克，排骨 500 克，盐、鸡精各适量

做法

1. 排骨洗净剁块，撒上盐拌匀腌渍；豆腐洗净切块。
2. 黄豆芽洗净，放入热水锅中焯水后捞出沥干。
3. 黄豆芽、排骨、豆腐放入电饭煲，加水煮好调味即可。

食用宜忌

此汤适合老年人食用；不要食用无根豆芽，因为其在生长过程中喷洒了除草剂。

胡萝卜玉米排骨汤

口味 咸鲜　　时间 25 分钟
技法 煲　　功效 防癌抗癌，开胃活血

玉米开胃益智、宁心活血、调理中气，还能延缓人体衰老、预防脑功能退化、抑制癌细胞。

原料

排骨 400 克，胡萝卜、玉米各 100 克，盐适量

做法

1. 排骨剁成块；玉米、胡萝卜分别切块。
2. 排骨放入碗中，撒上盐腌至入味。
3. 炒锅倒水加热，下玉米和胡萝卜焯水捞出沥干。
4. 将排骨、玉米、胡萝卜和水放入电饭煲中，用煲汤档煮至跳档，加盐调好味即可。

食用宜忌

此汤适合老年人食用；烹调胡萝卜时，忌加醋，因为酸性物质对胡萝卜素有破坏作用。

茶油莲子鸡汤

口味 清淡　　时间 20 分钟

技法 煲　　功效 保肝护肾，益气安神

鸡肉含蛋白质及不饱和脂肪酸，适合老年人食用。

原料

鸡肉 500 克，去心莲子、枸杞、红枣各适量，盐、茶油各适量

做法

1. 莲子和红枣浸泡洗净；鸡肉切块，腌渍。
2. 鸡肉、莲子、枸杞、红枣和茶油放电饭煲，加水，用煲汤档煮至跳档，加盐调好味即可。

食用宜忌

适合老年人食用；茶油每天摄入量应保持在 25~30 毫升。

猴头菇鸡汤

口味 咸鲜　　时间 25 分钟

技法 煲　　功效 抗癌防癌，延缓衰老

猴头菇能提高机体的免疫力，延缓人体衰老。

原料

猴头菇 30 克，鸡肉 400 克，姜 2 克，盐适量

做法

1. 鸡肉剁块，腌渍；姜洗净，切块；猴头菇泡发，切块，沥干。
2. 猴头菇、鸡肉、姜一起放入电饭煲中，调至煲汤档，加水煮好，最后放盐调味。

食用宜忌

此汤适合老年人食用；忌食发霉的猴头菇。

玉米须蛤蜊汤

口味 清淡　　时间 20 分钟

技法 煲　　功效 降低血脂，滋阴润燥

蛤蜊滋阴、软坚、化痰，适合血脂偏高者食用。

原料

鸡脯肉、蛤蜊各 300 克，玉米须 50 克，姜 1 克，盐适量

做法

1. 玉米须浸泡，沥干；姜切片；鸡脯肉切丝，腌渍；蛤蜊吐沙后洗净。
2. 所有食材和姜片放电饭煲，加水煮好调味即可。

食用宜忌

此汤适合老年人食用；用蛤蜊做汤一定要提前使蛤蜊吐净泥沙。

番茄蛤蜊汤

口味 咸鲜　　时间 30 分钟
技法 煲　　功效 降低血脂，滋阴化痰

番茄富含多种维生素和矿物质，蛤蜊富含蛋白质、脂肪等，二者煲汤有开胃、抗衰老的作用。

原料

番茄、洋葱各 50 克，蛤蜊、虾、鲜鱼各 300 克，盐、食用油各适量

做法

1. 蛤蜊加盐水浸泡；鲜虾去虾须；鲜鱼剖净切块，入油锅煎熟。
2. 洋葱和番茄切块，下炒锅炒熟后捞出。
3. 鱼肉、蛤蜊、虾、洋葱、番茄放电饭煲中，加适量水，用煲汤档煮好后加盐调味即可。

食用宜忌

此汤适合老年人食用；番茄不宜生吃，不宜高温加热，不宜和青瓜、黄瓜同食。

白萝卜干贝汤

口味 清淡　　时间 15 分钟
技法 煲　　功效 抗癌防癌，消食化积

白萝卜有助于减肥，还可用于辅助治疗食积胀满、痰嗽失音、吐血、消渴、痢疾，并具有防癌、抗癌功能。

原料

干贝 100 克，白萝卜 300 克，盐适量

做法

1. 干贝浸泡后撕成小块；白萝卜去皮，切块。
2. 炒锅倒水烧热，下入白萝卜焯水后捞出沥干。
3. 将干贝和白萝卜一同放入电饭煲中，加水调至煲汤档，煮好后加盐调味即可。

食用宜忌

此汤适合老年人食用；干贝和香肠不宜同食，否则易生成亚硝胺，对人体有害。

女性群体 女性群体在日常饮食中可多摄入一些补血活血的食物，且应尽量减少食用油腻的食物及含酒精、咖啡因、尼古丁和糖精的食物。

当归黄芪乌鸡汤

口味 咸鲜　时间 40 分钟
技法 炖煮　功效 滋补健脾，补虚养胃

当归补血，黄芪补气，乌鸡滋阴补肾，三者合而为汤，可调和气血，治疗气血不足等症。

原料

当归 10 克，黄芪 15 克，板栗 200 克，乌鸡 1 只，盐 5 克

做法

1. 板栗稍煮去膜；当归、黄芪洗净；鸡肉剁块汆烫。
2. 板栗、鸡肉、当归、黄芪放入汤煲内，加水以大火煮开，转小火炖煮 30 分钟，加盐调味即可。

食用宜忌

适宜女士及老年人补血、活血用；湿盛中满、慢性腹泻、大便溏薄者忌食。

当归白芷枸杞鲤鱼汤

口味 咸鲜　时间 2 小时
技法 煲　功效 通络活血，丰胸健体

白芷可散风除湿、通窍止痛、消肿排脓，以它为主配以当归、枸杞煲鲤鱼，有通经活血、滋补肝肾之效。

原料

当归、枸杞各 10 克，白芷、黄芪各 15 克，红枣 5 颗，鲤鱼 1 条，生姜 3 片，盐、食用油各适量

做法

1. 各药材分别洗净，稍浸泡；红枣去核。
2. 鲤鱼剖净，置油锅，小火煎至两边微黄。
3. 所有食材与生姜放入瓦煲内，加入沸水 2 000 毫升，煲沸改小火煲约 1 个半小时，加盐和食用油便可。

食用宜忌

一般人都可食用，女性尤为适合；有慢性病者不宜食鲤鱼。

萝卜煲墨鱼

口味 咸鲜　　时间 2.5 小时
技法 煲　　功效 消积滞，润燥渴

萝卜消积滞，墨鱼补气血，排骨益精髓，配上去腥驱寒的生姜，使汤品润燥不腻、消滞可口。

原料

排骨150克，墨鱼（干）、胡萝卜各50克，红枣10颗，生姜10克，清汤、盐、味精、胡椒粉各适量

做法

1. 排骨斩段，放入沸水中汆一下；墨鱼泡发切片，稍煮；胡萝卜去皮，切块，汆水；红枣洗净；生姜去皮，切片。
2. 全部食材和生姜片放瓦煲内，加清汤、盐、味精、胡椒粉，加盖，煮沸后以小火煲2小时即可。

食用宜忌

此汤特别适合女性食用；煲汤时中途不要掀盖，否则味不香。

鹿茸公鸡汤

口味 咸鲜　　时间 3 小时
技法 炖　　功效 养颜生血，悦色美肤

鹿茸有补精髓、强筋骨、调冲任、托疮毒的功效，搭配公鸡炖汤，有补肾益精、生精补髓之效。

原料

阿胶10克，鹿茸3克，山药15克，公鸡1只，生姜片6克，盐适量

做法

1. 鹿茸、山药稍浸泡；阿胶打碎；公鸡剖净，切块。
2. 除阿胶外，其余食材与姜片放炖盅，加冷开水1000毫升，隔水炖3小时。
3. 弃药渣、捞鸡块，下阿胶拌匀调入盐即可饮用。

食用宜忌

此汤适合40~50岁的女性饮用；煲此汤要用冷开水，有利于药材中有益物质的浸出。

黄花香菇鸡肉汤

口味 清淡　　时间 30 分钟
技法 煮　　功效 补血和血，健美养颜

黄花菜止血消炎、清热利湿，香菇健脾胃、益气血，二者与鸡肉煮汤可滋阴润肺、补益气血、健美养颜。

原料

鸡肉 1 000 克，黄花菜 60 克，香菇 5 朵，黑木耳 30 克，葱 10 克，盐、味精各适量

做法

1. 黄花菜、黑木耳、香菇泡发，香菇切成丝。
2. 鸡肉洗净，切丝，用盐拌匀；葱切花。
3. 黄花菜、香菇丝、黑木耳放锅中，小火煮沸几分钟，放入鸡丝煮至熟，放葱花、盐、味精调味。

食用宜忌

此汤适用于面色无华、早衰面枯的女性；感冒发热者不宜食用本汤。

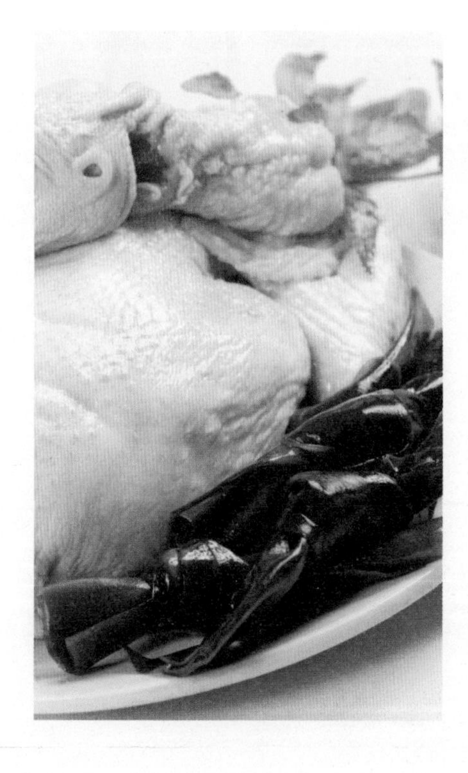

海带鸡汤

口味 咸鲜　　时间 2 小时
技法 炖　　功效 补血养颜，润肤乌发

鸡肉含有丰富的维生素，能润泽肌肤，海带含有丰富的碘，能软坚散结、乌发，二者炖汤，更加营养。

原料

净鸡 1 只，海带 400 克，料酒、盐、味精、葱花、生姜片、花椒、胡椒粉、花生油各适量

做法

1. 鸡剖净，剁成块；海带泡发，洗净，切成菱形块。
2. 锅内加水，放鸡块，大火烧沸后撇去浮沫，加花生油、葱花、生姜片、花椒、胡椒粉、料酒、海带块，炖至鸡肉熟烂加盐、味精，烧至鸡肉入味即可。

食用宜忌

此汤适合面色无华、头发干枯的女性饮用；宜煲至鸡肉熟烂、海带滑润。

百合红枣牛肉汤

口味 咸鲜　　时间 2 小时
技法 煲　　功效 补血养颜，滋润养阴

百合润肺止咳，红枣补血安神，牛肉补中益气，三者同食可提高机体抗病能力。

原料
百合（干品）10 克，红枣 10 颗，白果仁 50 克，牛肉 300 克，生姜片 5 克，盐少许

做法
1. 牛肉稍煮，切成薄片；白果仁、百合分别洗净；红枣去核。
2. 砂锅内加适量清水，烧开后放入百合、红枣、白果仁和生姜片，用中火煲至百合将熟，加入牛肉，继续煲至牛肉熟，加盐调味即可。

食用宜忌
此汤适合所有女性饮用；煲此汤时间不要过久，否则牛肉会变硬。

杜仲桂圆炖牛脊骨

口味 咸鲜　　时间 3 小时
技法 炖　　功效 补血养心，强筋壮骨

牛脊骨含有丰富的蛋白质、脂肪、维生素和钙质，用它烹制而成的汤富含营养精华，能促进人体钙质吸收，提高免疫力。

原料
杜仲 20 克，桂圆肉 50 克，牛肉 150 克，牛脊骨 250 克，生姜片 5 克，盐适量

做法
1. 杜仲洒少许淡盐水，小火炒干；桂圆肉浸泡。
2. 牛肉洗净不切；牛脊骨斩段；牛肉与牛脊骨稍煮。
3. 所有食材与生姜片放进炖盅内，加冷开水 1 200 毫升，隔水炖 3 小时，饮时下盐调味即可。

食用宜忌
适合 60 岁以上的女性饮用；煲此汤时，一定要先用淡盐水炒杜仲。

胡萝卜红枣炖牛腱

口味 咸鲜　　时间 2 小时
技法 炖　　功效 补血养颜，活血明目

胡萝卜抗衰老，牛肉能提高机体抗病能力，红枣可软化血管、安心宁神，三者同食，营养更丰富。

原料

胡萝卜、牛腱各 200 克，红枣 8 颗，姜片 5 克，料酒少许，盐适量

做法

1. 牛腱切块，入沸水汆烫后捞出，洗净备用。
2. 胡萝卜洗净后切块备用；红枣去核，洗净。
3. 瓦煲加水，烧开放牛腱、胡萝卜、红枣、姜片、料酒，中火炖煮 2 小时，加盐调味即可。

食用宜忌

患缺铁性贫血的女性尤其适合饮用；选择新鲜牛腱，煮出来的汤味道才会鲜甜。

茅根马蹄瘦肉汤

口味 清淡　　时间 2 小时
技法 煲　　功效 美容养颜，消除暗疮

茅根有凉血止血、清热解毒的功效，可用于胃中烦热不适、恶心、肺热咳喘、心中烦躁、牙龈出血等症。

原料

白茅根、马蹄各 100 克，胡萝卜 150 克，猪瘦肉 200 克，生姜片 5 克，盐适量

做法

1. 马蹄、胡萝卜去皮切块；白茅根浸泡；猪瘦肉洗净切片。
2. 所有食材与生姜片放入砂锅内，加适量清水，大火煲沸后改小火煲约 2 小时，调入适量盐便可。

食用宜忌

此汤适宜 20~30 岁的女性饮用；上述分量为 3~4 人量，此汤一次不能饮用太多。

火麻仁瘦肉汤

口味 咸鲜　　时间 2 小时
技法 煲　　功效 补血养颜，养阴血

火麻仁润肠补虚，与猪瘦肉煲汤适合秋燥时饮用。

原料

火麻仁 60 克，猪瘦肉 400 克，生姜片 6 克，盐适量

做法

1. 火麻仁稍浸泡；猪瘦肉整块不用切。
2. 火麻仁、猪瘦肉与生姜片一起放砂锅内，加入适量清水煲沸，改用小火继续煲约 2 小时，调入盐便可食用。

食用宜忌

适宜 50~60 岁的女性食用；此汤为 3~4 人量，不可多饮。

西洋参猪肉炖燕窝

口味 咸鲜　　时间 3 小时
技法 炖　　功效 补血养阴，润泽肌肤

燕窝具有养阴、润燥、益气、补中、养颜等功效。

原料

西洋参 15 克，燕窝 10 克，猪瘦肉 150 克，生姜片 5 克，盐适量

做法

1. 西洋参切片；燕窝泡软，去杂质绒毛；猪瘦肉切片。
2. 所有食材与生姜片放进炖盅内，加适量冷开水，隔水炖约 3 小时，饮时方下盐。

食用宜忌

适宜 60 岁以上女性饮用；此汤一定要用凉开水炖，饮用时再加盐。

山药枸杞猪尾汤

口味 咸鲜　　时间 2.5 小时
技法 煲　　功效 补血养颜，润泽肌肤

猪尾、山药、枸杞三者同煲，非常适合女性食用。

原料

山药 25 克，枸杞 20 克，桂圆肉 15 克，陈皮 10 克，猪尾 500 克，生姜片 5 克，盐适量

做法

1. 山药、枸杞、桂圆肉、陈皮浸泡；猪尾去毛，切段，置沸水中稍滚。
2. 所有食材放瓦煲，加水煮沸煲约 2.5 小时，调味即可。

食用宜忌

适宜 50~60 岁的女性食用；上述为 3~4 人量，不可多食。

黄花炖甲鱼

口味 咸鲜　　时间 3 小时
技法 炖　　功效 补血养颜，滋阴降火

清热利湿的黄花菜和滋阴补阳的甲鱼炖汤，可起到补肾活血、宁心安神、清除虚热的功效。

原料

甲鱼 1 只，猪瘦肉 200 克，黄花菜（干品）30 克，黑木耳（干品）15 克，盐适量

做法

1. 黄花菜、黑木耳泡开洗净。
2. 猪瘦肉洗净，切成块。
3. 甲鱼用热水烫死，去内脏，洗净斩块。
4. 把全部食材放入炖盅内，加开水适量，炖 3 小时，用盐调味即可食用。

食用宜忌

此汤适合所有女性饮用；放入食材后，在炖盅内加开水，有助于黑木耳和黄花菜溢出更多有益物质。

苦瓜炖蛤蜊

口味 苦咸　　时间 1 小时
技法 炖　　功效 润肤养颜，延缓衰老

苦瓜具有清热消暑、养血益气、补肾健脾、滋肝明目的功效，配上鲜美的蛤蜊，是一道上好的汤品。

原料

苦瓜 250 克，蛤蜊 500 克，料酒、盐、大蒜、生姜汁、白糖、麻油、食用油各适量

做法

1. 苦瓜放沸水中焯透，浸冷水去苦味后切片；蛤蜊放沸水中煮至张开壳，捞出去壳挖肉；蒜切成泥。
2. 爆炒蛤蜊肉，加姜汁、料酒、盐炒匀；苦瓜片铺在砂锅底，蛤蜊肉放上面，加姜汁、料酒、盐、蒜泥、白糖和水，炖至蛤蜊肉入味，淋上麻油即成。

食用宜忌

此汤适合面色无华、头发干枯的女性食用；要先将苦瓜中的苦味完全浸出。

红枣鸡蛋汤

口味 清甜　　时间 3 小时
技法 熬　　功效 补血养颜，益气强身

红枣能补血暖胃、利水排毒，鸡蛋富含蛋白质，有利补充营养，综合二者，此汤具有美容养颜、益气补血的功效。

原料
红枣 10 颗，鸡蛋 2 个，红糖 5 克

做法
1. 红枣洗净，沥干待用；鸡蛋煮熟，去壳待用。
2. 红枣和鸡蛋放入开水锅中，水量可以稍多一点。
3. 小火熬煮 2~3 小时。
4. 熬好后加红糖，可饮用红枣水、吃鸡蛋。

食用宜忌
适合所有女性饮用。

红枣炖兔肉

口味 咸鲜　　时间 2 小时
技法 炖　　功效 健脾益胃，滋阴生津

兔肉有健脑益智的功效，经常食用可增强体质，还能保护皮肤细胞活性，维护皮肤弹性。

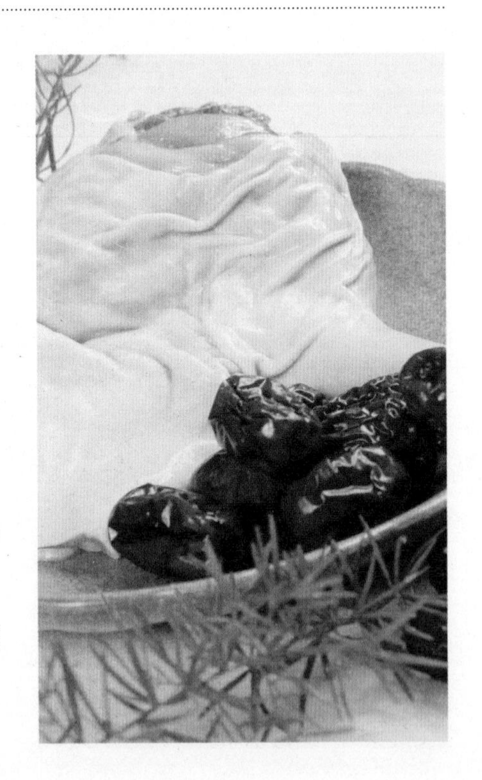

原料
鲜兔肉 400 克，红枣 15 颗，熟猪油、葱段、姜片、盐、味精各适量

做法
1. 将兔肉洗净剁成块；红枣洗净，去核。
2. 锅内放入熟猪油，烧至四五成热，下葱段、姜片爆锅，倒入兔肉块煸炒，加红枣、盐、水烧沸，连肉带汤倒入蒸碗内。
3. 炖锅加水，将盛肉的蒸碗放入，用小火隔水炖至兔肉烂熟后，拣出葱段、姜片，调味即成。

食用宜忌
适宜营养不良、瘦弱面黄者饮用，青年女性应多食；兔肉入锅后用小火炖，火太大则难入味。

木耳红枣汤

口味 清甜　　时间 30分钟
技法 煮　　功效 补血活血，调经健脾

黑木耳和红枣二者搭配煮汤，具有健脾、补血、调经的功效，常食可促进脾胃功能正常、血气丰沛。

原料

黑木耳60克，红枣50克，白糖适量

做法

1. 将黑木耳放水中泡发，洗净后，撕成小朵；将红枣洗净，去核。
2. 锅里加适量水，放入黑木耳和红枣，煮熟后加入白糖即可饮用。

食用宜忌

此汤适合所有女性饮用，最好在月经前一个星期到月经结束这段时间每天或隔天饮用；饮用此汤时，不要同时吃海鲜，否则容易腹痛。

红皮花生红枣汤

口味 清甜　　时间 2小时
技法 炖　　功效 补血养颜，养阴益气

此汤可补脾和胃、养血止血、润肺通乳，主要用于气血不足、头晕目眩、反胃、燥咳、乳汁稀少和低蛋白血症的辅助食疗。

原料

红皮花生仁、红豆各100克，红枣10颗，红糖适量

做法

1. 花生仁、红豆泡发洗净；红枣洗净，去核。
2. 花生仁、红豆先下锅中，加适量清水，炖1小时。
3. 再放入红枣，炖至红豆成豆沙（1小时），吃的时候再加红糖。

食用宜忌

此汤适合所有女性饮用；煲此汤时，水不要太多，较稠的才好喝，夏天不要常喝，特别是热性体质的女性，因为这道汤是属于温补型的。

红枣枸杞阿胶汤

口味 清甜　　时间 20 分钟

技法 加热　　功效 补气养血，滋润皮肤

红枣健脾益胃、补气养血，枸杞养肝明目、补血安神，阿胶补血止血、滋阴润燥，三者做汤非常适合女性食用。

原料

阿胶 50 克，红枣 10 颗，枸杞 15 克，盐适量

做法

1. 红枣、枸杞洗净，放入微波盒中备用。
2. 取小块阿胶放入微波盒中，加冷开水 500 毫升左右，加盖放置一晚上。
3. 第二天一早将整盒泡好的红枣、枸杞、阿胶放入微波炉中加热后，加盐调味即可饮用。

食用宜忌

此汤适合所有女性饮用；最好是晚上睡觉前制作，第二天喝汁水。

无花果苹果猪腿汤

口味 咸鲜　　时间 2.5 小时

技法 煲　　功效 补血养颜，清肠润肤

无花果健胃润肠、降血脂、消肿解毒，苹果润肺养心、开胃生津、和脾利水，猪腿补肾养血，合而为汤可补血养颜、美白祛斑。

原料

无花果 10 颗，苹果 1 个，猪腿肉 650 克，盐、味精各适量，生姜片 5 克

做法

1. 无花果洗净，稍浸泡；苹果去核，切块；猪腿肉洗净，整块不用切。
2. 将生姜片放进瓦煲内，加入清水 2 500 毫升，大火煲沸后加入所有食材再煲沸，然后改为小火煲约 2 小时，调入适量盐、味精便可食用。

食用宜忌

适宜 40~50 岁的女性春季补血养颜饮用；喝此汤时不宜吃松花蛋与蟹类。

川芎白芷鱼头汤

口味 咸鲜　　时间 2 小时
技法 炖　　功效 补血养颜，健脑

川芎主要用来治疗头痛、腹痛、月经不调等症，白芷用来治疗头痛、骨痛，配以鱼头具有发散风寒、祛风止痛的功效。

原料

川芎 3~9 克，白芷 6~9 克，鱼头 600 克，盐适量

做法

1. 将鱼头洗干净；川芎、白芷放水中，浸泡片刻，洗净备用。
2. 将鱼头与川芎、白芷一起放入砂锅内，加入适量清水，炖至鱼头熟烂时，加盐调味，即可饮汤吃鱼头。

食用宜忌

此汤适合所有女性饮用；川芎和白芷可多浸泡一会儿，煲出的汤会更美味。

木瓜煲猪蹄

口味 清淡　　时间 2.5 小时
技法 煲　　功效 补血养颜，润肤养肤

木瓜有丰胸、消脂的功效；猪蹄含胶原蛋白，可防止皮肤起皱，此汤丰胸健乳、美颜效果显著。

原料

猪蹄 500 克，木瓜 700 克，花生仁、红豆、章鱼干各 50 克，蜜枣 5 颗，麻油 10 毫升，盐 4 克

做法

1. 猪蹄刮净毛，洗干净，对半剖开后切块；木瓜削皮去瓤，切成大块；章鱼干、花生仁、红豆、蜜枣洗净，泡发。
2. 瓦煲上火，加清水约 3 000 毫升，大火烧开后将准备好的原料放入瓦煲内；大火烧沸后转用小火煲约 2 小时，调入麻油、盐即可。

食用宜忌

皮肤粗糙、气血不佳、胸部不丰满的女性可多食用本汤；煲好后要滤出药渣，否则会影响口感。

冬瓜火腿汤

口味 咸鲜　　时间 15 分钟

技法 煲　　功效 排毒瘦身，养胃生津

冬瓜可消脂减肥，与火腿煲汤，既美味又健身。

原料

火腿 300 克，冬瓜 400 克，盐、鸡精各适量

做法

1. 冬瓜去皮，洗净，切块，放入沸水中稍焯；火腿洗净，切块。
2. 将火腿、冬瓜放入电饭煲中，加水调至煲汤档，煮至跳档；开盖加盐、鸡精调好味即可出锅。

食用宜忌

此汤适合女性食用；火腿本身有咸味，汤宜少放盐。

木瓜猪蹄汤

口味 咸鲜　　时间 15 分钟

技法 煲　　功效 补血养颜，柔嫩皮肤

猪蹄加上木瓜煮汤，具有和血、润肤、美容的功效。

原料

猪蹄 400 克，花生米、木瓜各 200 克，盐 4 克，白醋适量

做法

1. 猪蹄剁块；木瓜去皮去子，切块；猪蹄加清水和白醋浸泡；花生米焯水。
2. 猪蹄、花生米、木瓜放入电饭煲，煮好调味即可。

食用宜忌

此汤适合女性食用；锅里放少许料酒可以去除异味。

枸杞红枣炖排骨

口味 咸鲜　　时间 25 分钟

技法 煲　　功效 补血养颜，健脾益气

枸杞补肾，红枣益气，与排骨同食有助补血。

原料

排骨 300 克，枸杞、红枣、黄芪、党参各适量，盐 3 克

做法

1. 排骨剁块，腌渍；枸杞、红枣、黄芪、党参浸泡片刻，洗净。
2. 泡好的药材和排骨放入电饭煲，加适量水，调至煲汤档煮至自动跳档，加盐调好味即可。

食用宜忌

此汤适合女性食用；性情太过急躁者不宜多食枸杞。

姜末猪肝汤

口味 咸鲜　　时间 20 分钟
技法 煲　　功效 补血养颜，抗氧化

猪肝中铁的含量丰富，是天然的补血妙品，用于贫血、头昏、目眩、视力模糊、两目干涩、夜盲症等均有较好的效果。

原料

猪肝 400 克，姜 2 克，盐适量

做法

1. 猪肝洗净切片；姜洗净切碎。
2. 猪肝放到碗中，撒上盐、姜末抹匀腌至入味。
3. 炒锅倒水加热，下入猪肝汆水，并捞出沥干。
4. 将猪肝放入电饭煲中，加水调至煲汤档，煮好后加盐调味即可。

食用宜忌

此汤适合女性食用；肾结石患者及胃肠虚汗、腹泻者忌食。

莲藕煲鸡腿

口味 咸鲜　　时间 20 分钟
技法 煲　　功效 补血养颜，补充钙质

莲藕含铁量较高，故对缺铁性贫血的患者颇为适宜，莲藕中还含有丰富的丹宁酸，具有收缩血管和止血的作用。

原料

鸡腿 300 克，莲藕 100 克，干贝、去心莲子各 50 克，盐适量

做法

1. 鸡腿洗净，用清水浸泡；莲子洗净。
2. 莲藕洗净，去皮后切成块。
3. 干贝放入碗中，用清水泡发后捞出沥干。
4. 鸡腿、莲藕、莲子、干贝放入电饭煲，加适量水，调至煲汤档，煮至跳档后加盐调味即可。

食用宜忌

此汤适合女性食用；可在鸡腿里放酱油、料酒、盐、葱、姜腌渍 15 分钟入味。

木瓜红枣凤爪汤

口味 咸鲜　　时间 25 分钟
技法 煲　　功效 补血养颜，丰胸通乳

凤爪中含有丰富的骨胶原、黏液质，脂肪含量不高，养颜不肥腻，搭配有通乳、养颜功效的木瓜、红枣效果更好。

原料

凤爪 300 克，木瓜 200 克，红枣 5 克，盐、白醋各适量

做法

1. 凤爪剁块，加入清水和白醋浸泡约 15 分钟；木瓜去皮，切块；红枣洗净。
2. 凤爪、木瓜、红枣同放电饭煲，加水调至煲汤档煮汤；煮至自动跳档后开盖，加适量盐调味即可。

食用宜忌

此汤适合女性食用；煮凤爪时水不能太少，在焖煮时不能用大火猛煮，不能用手勺或其他灶具搅动。

酸萝卜木耳鸭汤

口味 酸咸　　时间 25 分钟
技法 煲　　功效 保肝护肾，清涤肠胃

鸭肉可滋补五脏、补血行水、养胃生津、清除虚热，搭配具有开胃功效的酸萝卜，能健脾化湿、增进食欲。

原料

酸萝卜 300 克，鸭肉 500 克，黑木耳、香菇各 50 克，姜 2 克，盐、糖各适量

做法

1. 鸭肉剁成块；姜切片；酸萝卜切块；黑木耳泡发，撕成小块；香菇泡发，洗净，切块。
2. 炒锅倒水加热，下入鸭肉汆水，捞出沥干。
3. 将所有食材和姜一同放入电饭煲中，加水调至煲汤档，煮至跳档，加盐和糖调味即可。

食用宜忌

此汤适合女性食用；若觉得酸萝卜泡久太咸影响汤的最终味道，可用沸水将萝卜煮一次再放入鸭汤内。

男性群体 男性患有心脑血管疾病的危险很高，其饮食应注意多补充各种维生素、膳食纤维、钙等，适量摄入富含维生素 A 和蛋白质的食品。

胡萝卜猪腰汤

口味 咸鲜　　时间 20 分钟

技法 煲　　功效 保肝护肾，补腰理气

猪腰有补肾益精、利水的功效，主治肾虚腰痛、遗精盗汗、身面水肿等症。

原料

猪腰、胡萝卜各 300 克，盐、鸡精各适量

做法

1. 猪腰洗净，切块，腌至入味；胡萝卜去皮，切块。
2. 炒锅倒水烧热，放猪腰和胡萝卜过水，捞出沥干。
3. 将猪腰和胡萝卜一同放入电饭煲中，加适量水调至煲汤档，煮好后加盐和鸡精调味即可。

食用宜忌

此汤适合男性食用；猪腰切片后用葱姜汁泡约 2 小时，换两次清水，泡至腰片发白膨胀即可。

胡萝卜牛肉汤

口味 咸鲜　　时间 20 分钟

技法 煲　　功效 增强免疫力，防止肥胖

牛肉富含蛋白质，能补虚强身、养脾胃、强筋骨，胡萝卜可补肝明目、壮阳补肾，二者煲汤非常适合男性食用。

原料

牛肉 500 克，胡萝卜 200 克，姜片 3 克，盐、鸡精各适量

做法

1. 牛肉切片腌渍；胡萝卜去皮切块，焯水。
2. 将胡萝卜和牛肉、姜一同放入电饭煲中，加水调至煲汤档，煮好后加盐和鸡精调味即可。

食用宜忌

此汤适合男性食用；牛肉一定要选新鲜的，这样做的汤味道才会鲜美。

椰子牛肉汤

口味 咸鲜　　时间 20分钟
技法 煲　　功效 保肝护肾，清肺润肠

椰子生津止渴、利尿消肿，常作为解暑热、止口渴、清肺胃热、润肠、平肝火之用。

原料

牛肉500克，椰子肉、土豆各200克，胡萝卜、洋葱各50克，盐、胡椒粉各适量

做法

1. 牛肉切片，腌渍；椰子肉、胡萝卜、洋葱切块；土豆洗净去皮，切块。
2. 炒锅倒水烧热，下入胡萝卜焯水后捞出沥干。
3. 将所有食材一起放入电饭煲中，加适量水，用煲汤档煮至跳档后，加盐和胡椒粉调味即可。

食用宜忌

此汤适合男性食用；注意大便清泄及体内热盛的人不宜常吃椰子。

白萝卜煲羊肉

口味 咸鲜　　时间 30分钟
技法 煲　　功效 保肝护肾，益气补虚

羊肉肉质细嫩，容易消化，且含有高蛋白、多磷脂、低脂肪，和白萝卜炖汤具有温中开胃、滋阴补气的功效。

原料

羊肉500克，白萝卜300克，姜、葱各2克，盐适量

做法

1. 羊肉切块；白萝卜去皮，切块；姜切片；葱切段。
2. 炒锅下入羊肉，倒水加热，汆水后捞出沥干。
3. 净锅再倒水烧热，下入白萝卜焯水后沥干。
4. 羊肉、白萝卜、姜、葱一同放入电饭煲中，加水调至煲汤档，煮好后加盐调味即可。

食用宜忌

此汤适合男性食用；因为羊肉煲的时间较长，所以水要一次放够。

肉桂羊肉汤

口味 咸鲜　　时间 25 分钟

技法 煲　　功效 保肝护肾，温中健胃

肉桂与羊肉同煲汤，对于阳虚失血、元阳不足等症有很好的治疗效果。

原料

黄羊肉 400 克，肉桂、姜片各 3 克，盐、胡椒粉各适量

做法

1. 肉桂与姜片下炒锅炒香；羊肉切片汆水。
2. 羊肉、肉桂、姜一起放入电饭煲中，加适量水，用煲汤档煮好，加盐和胡椒粉调味即可。

食用宜忌

适合阳气不足、腰酸阳痿的男性食用；阴虚火旺、血热出血者忌食。

咸菜鸭汤

口味 咸鲜　　时间 25 分钟

技法 煲　　功效 保肝护肾，消脂醒胃

咸菜醒胃，老鸭利水，二者同食，有利减肥。

原料

鸭肉 500 克，咸菜 200 克，盐、糖各适量

做法

1. 鸭肉洗净，切块，腌渍；咸菜以温水泡去咸味，切块。
2. 锅中注水烧热，下入鸭肉汆水，并捞出沥干。
3. 将鸭肉、咸菜和糖放入电饭煲中，加适量水，用煲汤档煮至跳档即可。

食用宜忌

此汤适合男性食用；鸭肉忌与兔肉、核桃、甲鱼、荞麦同食。

豆瓣炖鸭

口味 咸鲜　　时间 25 分钟

技法 煲　　功效 保肝护肾，润燥消肿

养胃生津的鸭肉与豆瓣酱同煲汤，适合口干者食用。

原料

鸭肉 500 克，豆瓣酱、红辣椒、姜片各 3 克，盐、食用油各适量

做法

1. 鸭肉切块，腌渍；红辣椒切碎。
2. 姜下炒锅，倒油加热，下红辣椒和豆瓣酱炒香，倒入电饭煲，加鸭肉和水，煮至跳档调味即可。

食用宜忌

此汤适合男性食用；用沸水汆烫可消除鸭肉的腥味。

当归枸杞鲜虾汤

口味 咸鲜　　时间 20 分钟
技法 煲　　功效 保肝护肾，延年益寿

虾为补肾壮阳的佳品，对肾虚阳痿、早泄遗精、腰膝酸软、四肢无力等症有很好的防治作用。

原料

鲜虾 300 克，当归、枸杞各 2 克，盐适量

做法

1. 鲜虾洗净，切去虾须。
2. 当归和枸杞放入碗中，加水浸泡。
3. 将虾放入炒锅，加入适量水加热，煮至虾变色后捞出沥干水分。
4. 将虾、枸杞、当归加适量水一起放入电饭煲中，调至煲汤档煮至跳档，加盐调味即可。

食用宜忌

此汤适合男性食用；鲜虾可先汆水后存，即在入冰箱储存前，先用开水或油汆一下。

肉苁蓉枸杞牛鞭汤

口味 咸鲜　　时间 3.5 小时
技法 炖　　功效 补肾气，益精血

肉苁蓉可补肾阳、益精血、润肠通便，主要用于治疗肾阳不足、精血虚亏、腰膝酸软等症。

原料

肉苁蓉 25 克，牛鞭 100 克，枸杞 30 克，猪瘦肉 250 克，料酒 10 毫升，姜片、葱花、盐各 5 克

做法

1. 牛鞭用热水发胀，顺尿道剖成两半，冷水漂洗；猪瘦肉切块；肉苁蓉放入酒中浸透，切薄片；枸杞洗净。
2. 牛鞭放炖锅，加水煮沸，去浮沫，放姜片、肉苁蓉、枸杞、料酒、猪瘦肉，大火煮沸后改用小火炖 2 小时，取出牛鞭，切成段，再入锅用小火炖 1.5 小时，加盐、葱花调味即可。

食用宜忌

适宜阳痿不举、滑精等患者食用；阴虚火旺者忌食。

锁阳牛肉汤

口味 咸鲜　　时间 3 小时

技法 煲　　功效 补肾益精，养精起痿

锁阳可补肾润肠、润燥养筋、兴阳固精，主要用于治疗阳痿、尿血、腰膝痿弱、神经衰弱等症。

原料

锁阳15克，巴戟天10克，牛肉200克，猪瘦肉100克，姜片 5 克，盐、鸡精、料酒各适量

做法

1. 牛肉、猪瘦肉切块；锁阳、巴戟天洗净。
2. 锅内烧水，水开后放入牛肉、猪瘦肉焯去表面血迹，再捞出洗净。
3. 全部食材放入瓦煲，加适量水，用大火烧开后转用小火慢煲 3 小时，调味即可。

食用宜忌

此汤适宜阳痿早泄、腰酸腿软者食用；锁阳使用干品为宜，鲜锁阳不宜多用。

枸杞羊腰汤

口味 咸鲜　　时间 30 分钟

技法 煮　　功效 补肾益精，延缓衰老

此汤补肾益精、乌须黑发，主要用于肾精不足、须发早白、腰膝酸软、筋骨无力等症。

原料

羊腰 2 个，猪脊骨 500 克，红枣 10 颗，枸杞 20 克，花椒、葱白各 10 克，生姜末 5 克，香菜末 3 克，盐、胡椒粉、猪骨汤各适量

做法

1. 羊腰剖开，去筋膜，切薄片；红枣洗净，去核；枸杞洗净；猪脊骨斩成 3 厘米长的小段。
2. 猪骨汤倒入瓦煲，加红枣、枸杞、花椒、胡椒粉、盐、生姜末、葱白，用小火烧沸后放入猪脊骨，煮约 15 分钟，再放入羊腰片，然后改用大火烧沸 3 分钟，盛入碗内，撒上香菜末即成。

食用宜忌

适宜肾精不足之阳痿症患者；阴虚火旺者忌食此汤。

上班一族 上班一族大都用脑多，压力大，应该在养成良好生活习惯的同时借助饮食来补充身体所需的蛋白质、维生素、脑磷脂、卵磷脂等。

荷叶瘦肉汤

口味 咸香　　时间 1.5 小时
技法 煲　　功效 除烦止渴，清热解燥

荷叶清泻解热、降脂减肥，与猪瘦肉合而为汤，有治疗暑热烦渴、脾虚泄泻的作用。

原料

荷叶（干）1 张，黄芪 10 克，莲藕 200 克，猪瘦肉 300 克，生姜片 5 克，料酒 10 毫升，盐适量

做法

1. 黄芪洗净；莲藕、荷叶切块；猪瘦肉切块飞水。
2. 荷叶、黄芪、莲藕、生姜片、猪瘦肉、料酒放入瓦煲，加水烧开后，改小火煲 1 小时，加盐调味。

食用宜忌

此汤一般人都可以食用，特别适合工作压力大的上班族食用；脾胃虚寒者不宜多食此汤。

苍术冬瓜猪肉汤

口味 咸香　　时间 2.5 小时
技法 煲　　功效 健脾燥湿，解郁舒缓

苍术具有燥湿健脾、祛风散寒、明目的功效，用于治疗湿困脾胃、呕恶泄泻、风湿外感等病症。

原料

苍术 10 克，冬瓜 300 克，猪肉 200 克，生姜片、盐各适量

做法

1. 冬瓜连皮切块；苍术、生姜片洗净；猪肉切块。
2. 锅中烧开水，放入猪肉飞水，捞出洗净。
3. 苍术、冬瓜、猪肉、生姜放煲内，加水煲滚后改中火续煲 2 小时左右，调味即可饮用。

食用宜忌

此汤适宜精神倦怠不振者食用，对上班一族尤为适宜；阴虚内热、气虚多汗者忌服此汤。

山药乌鸡汤

口味 咸鲜　时间 1.5 小时

技法 煲　功效 健脑助眠，增强记忆

山药健脾胃，乌鸡补虚劳，二者煲汤有利补益身心。

原料

五味子 8 克，山药 30 克，乌鸡 500 克，生姜片、盐各适量

做法

1. 五味子、山药洗净；乌鸡切块，汆去血水。
2. 乌鸡、五味子、山药、生姜片放入瓦煲，加水，大火烧沸后改小火慢煲 1 小时，加盐调味。

食用宜忌

适合脑力劳动者食用；外有表邪、内有实热或咳嗽初起者忌服。

山药牛奶瘦肉汤

口味 咸鲜　时间 2 小时

技法 煮　功效 生津润肠，补中益气

牛奶有安神、消肿的作用，可助眠并缓解身心紧张。

原料

山药 100 克，牛奶 200 毫升，猪瘦肉 500 克，盐 5 克，生姜片少许

做法

1. 猪瘦肉洗净，切成块，汆水。
2. 猪肉与生姜放锅内，加水煮 2 小时，再加山药，熬煮至山药软熟；将牛奶、盐加入锅内烧沸即可。

食用宜忌

特别适宜脑力劳动者饮用；对牛奶过敏者忌食。

枸杞菊花煲排骨

口味 咸鲜　时间 1 小时

技法 煮　功效 清热解毒，养颜祛痘

菊花可散风热，用于治疗头痛眩晕等症效果显著。

原料

排骨 500 克，枸杞 10 克，干菊花 5 克，姜 1 小块，盐适量

做法

1. 排骨切 3 厘米长段；枸杞、菊花用冷水洗净。
2. 瓦煲内放水烧开，加排骨、姜及枸杞，大火煮开改中火煮约半小时，菊花在汤快煲好前放入，加盐调味。

食用宜忌

适合皮肤黯淡、斑点多和从事电脑工作者食用。

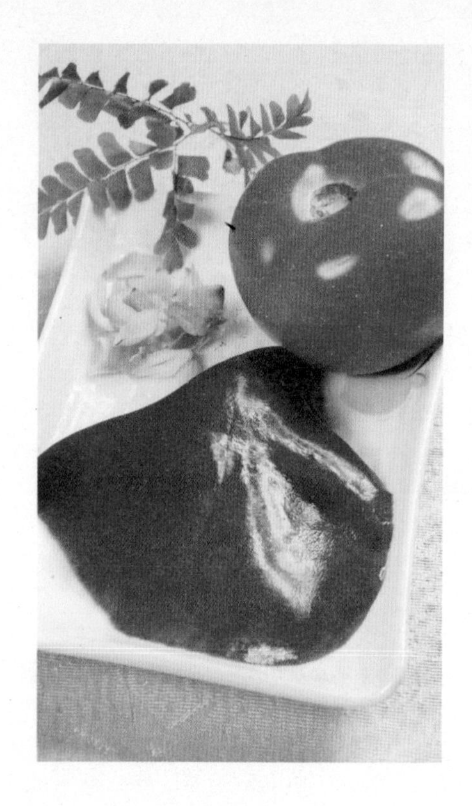

番茄百合猪肝汤

口味 咸鲜　　时间 50分钟
技法 煮　　功效 美容养颜，滋阴补阳

番茄、百合加上猪肝煲汤，不仅能提高机体的免疫能力，还具有补血、润肺、清火等作用。

原料

猪肝300克，番茄100克，百合（干）30克，姜3片，盐、酱油、料酒、胡椒、生粉各适量

做法

1. 猪肝切薄片，汆烫，捞出；干百合泡发洗净。
2. 烫好的猪肝加入酱油、料酒、胡椒、生粉腌渍约10分钟，腌渍时应用手抓，使调料充分混合。
3. 番茄切成块，与百合用中火煮约10分钟，加入姜片；待汤沸加入猪肝及盐，用中火煮20分钟即可。

食用宜忌

贫血的人和常在电脑前工作的人尤为适合。

百合猪脑汤

口味 咸鲜　　时间 1小时
技法 煮　　功效 清心润肺，宁神醒脑

有补骨髓、滋肾补脑功效的猪脑，配以有养阴清热之效的百合煲汤，可治疗失眠、神经衰弱等症。

原料

鲜百合150克，猪脑200克，桂圆肉20克，盐、生姜片各5克，味精适量

做法

1. 鲜百合剥成片状，洗净；桂圆肉洗净。
2. 猪脑放清水中漂去表面黏液，撕去表面黏膜，挑去血丝筋膜，洗净，入沸水中稍烫捞起。
3. 将适量清水放入瓦煲，煮沸放桂圆肉、鲜百合、生姜片，稍煮放猪脑，煲至猪脑熟，调味即可。

食用宜忌

适宜学习紧张、工作疲劳而引起的头晕目眩、心烦失眠、记忆力下降者食用；中老年人忌食。

菊花猪脑汤

口味 咸鲜　　时间 2.5 小时

技法 炖　　功效 醒神益智，息风定惊

天麻可治疗头痛、眩晕，也可用于小儿惊风、癫痫、破伤风，还能对心肌缺血有保护作用。

原料

猪脑 200 克，天麻 30 克，菊花 20 克，盐 5 克

做法

1. 菊花用清水浸泡后煲滚，去渣留汁；天麻洗净。
2. 猪脑放入清水中漂洗，去除表面黏液，撕去表面黏膜，用牙签或镊子挑去血丝筋膜，洗净。
3. 用漏勺装着猪脑，入沸水中稍烫捞起。
4. 将天麻、猪脑装入炖盅，注入菊花水，加盖，隔水炖 2 小时，加盐调味即可。

食用宜忌

适宜因肝火炽盛或工作、学习疲劳而引起的头晕脑涨、注意力不集中者食用。

核桃排骨汤

口味 咸鲜　　时间 3.5 小时

技法 煲　　功效 增强记忆，滋补强身

排骨与核桃仁、芡实、陈皮等同煲汤，具有健脑、强体的作用，特别适合工作疲劳、身体虚弱的脑力劳动者食用。

原料

排骨 500 克，核桃仁 200 克，芡实 100 克，陈皮 5 克，生姜片 6 克，盐适量

做法

1. 排骨洗净，斩块，入沸水汆去血水，捞出洗净。
2. 核桃仁、芡实、陈皮洗净。
3. 将排骨、芡实、核桃、陈皮、生姜片一起放入瓦煲内，加适量清水，大火煲滚后转小火慢煲 3 小时，加盐调味即可。

食用宜忌

此汤特别适合工作疲劳、记忆力减退者饮用；泄泻者慎食，痰热喘咳及阴虚有热者忌食此汤。

第七章

四季各不同 喝汤有侧重

《黄帝内经》之《四气调神大论》篇讲述了四个季节不同的养生原则："春三月，此谓发陈，天地俱生，万物以荣。夏三月，此谓蕃秀，天地气交，万物华实。秋三月，此谓容平，天气以急，地气以明。冬三月，此谓闭藏，水冰地坼，无扰乎阳。"因此，养生之道就要顺应季节。同样，喝汤跟着季节走，才能将汤的功效发挥到最大。

春季健脾养肝汤 春季人体的生理功能活跃起来，养生应以护肝为主，此时的饮食应注重养肝健脾，多食用清淡且具有疏散作用的食物。

芹菜牛肉汤

口味 咸鲜　　时间 30 分钟
技法 煮　　功效 清热益气，健脾和胃

芹菜平肝清热、祛风除湿、凉血止血、健胃润肺、除烦消肿、降低血压，适合春季食用。

原料

牛肉 200 克，芹菜 150 克，鸡蛋、番茄各 1 个，料酒 5 毫升，盐、清汤、味精、胡椒粉各适量

做法

1. 芹菜去叶切段；番茄切丁；鸡蛋打破，搅散。
2. 牛肉切大块与清汤放汤锅中，烧开后煮熟牛肉，放盐、味精、胡椒粉、芹菜、番茄；待汤再开，淋入鸡蛋液和料酒。

食用宜忌

一般人均可在春季食用；血压偏低者慎用。

山药熟地瘦肉汤

口味 咸香　　时间 1.5 小时
技法 煮　　功效 滋阴固肾，补肾摄精

熟地滋阴固肾、生精髓，小茴香辛香，具有开胃功效，二者煲汤可防熟地之呆胃及甜腻。

原料

熟地 24 克，山药 30 克，小茴香、盐各 3 克，泽泻 9 克，猪瘦肉 60 克

做法

1. 将熟地、山药、小茴香、泽泻洗净。
2. 猪瘦肉洗净后切成大块。
3. 将全部食材一起放入砂锅中，加入适量清水，以大火煮沸后改用小火继续煮 1 小时，加盐调味即可食用。

食用宜忌

一般人都适用，尤其适合糖尿病患者饮用；脾胃气滞、腹脘胀满者忌服。

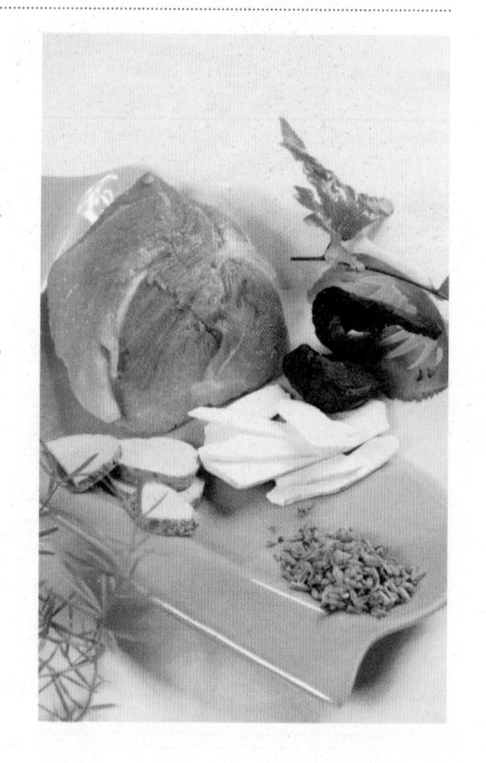

芋头排骨汤

口味 咸鲜　　时间 2.5 小时
技法 蒸　　功效 理气开胃，补气益肺

芋头和排骨同煲汤，具有滋补强身、补肺益肾、健脾安神的功效，且汤味口感甚佳。

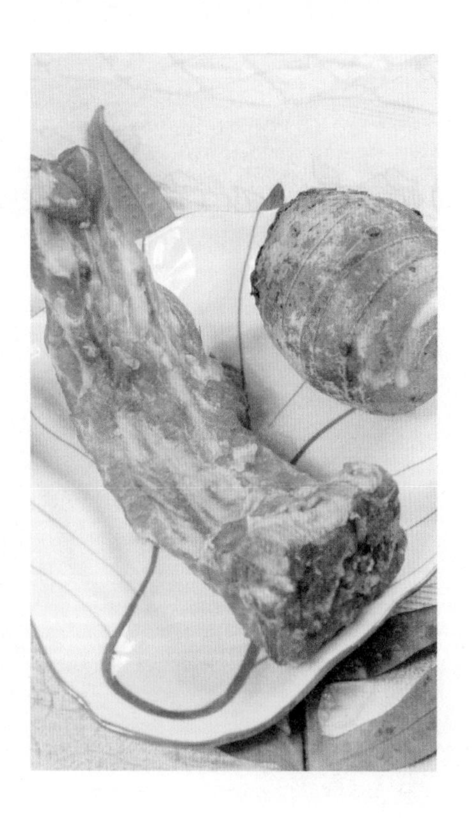

原料

排骨 240 克，芋头 50 克，味精 3 克，鸡精 5 克，盐 2 克

做法

1. 排骨斩块，洗净，放沸水中汆烫；芋头去皮，切成小块，洗净备用。
2. 将以上食材放入炖盅内，加入适量清水，入锅隔水蒸 2 小时。
3. 放入味精、鸡精、盐调味即可。

食用宜忌

此汤一般人皆可食用；芋头要蒸熟，否则其中的黏液会刺激咽喉。

山药沙葛瘦肉汤

口味 咸香　　时间 2.5 小时
技法 煲　　功效 健脾益阴，生津止渴

山药、沙葛配以瘦肉煲汤，可补肺益肾、生津止渴、健脾益胃，尤其适合春季食用。

原料

猪瘦肉 60 克，山药 200 克，沙葛 20 克，盐 4 克，味精 3 克

做法

1. 猪瘦肉洗净，切块；沙葛去皮，洗净，切厚片；山药去皮，洗净，切块。
2. 把全部食材放入煲内，加适量清水，大火煮沸后改用小火煲 2 小时。
3. 最后加入调味料调味即可。

食用宜忌

适宜糖尿病、高脂血症、脾虚胃热者食用；患高血压、偏瘫、肠胃虚寒、消化不良者应慎食。

苹果银耳猪腱汤

口味 咸鲜　　时间 2.5 小时
技法 煲　　功效 健脾养胃，润肺益气

苹果、银耳、猪腱同食有开胃消滞、滋润养颜之效。

原料

苹果 1 个，银耳 15 克，猪腱 250 克，凤爪 4 个，盐适量

做法

1. 苹果连皮切 4 份，去果心；凤爪去脚趾，汆水；猪腱切块汆水；银耳浸发去梗蒂，汆水。
2. 煲中加水，放以上原料，煲 2 小时，加盐调味。

食用宜忌

心肌梗死患者尤其适用；脾胃虚寒者忌食。

绿豆陈皮排骨汤

口味 咸香　　时间 3.5 小时
技法 煲　　功效 理气调中，止渴利尿

绿豆具有清心安神和清除血液中胆固醇的功效。

原料

绿豆 60 克，排骨 250 克，陈皮 15 克，盐少许，生抽适量

做法

1. 绿豆洗净；排骨飞水，冲净；陈皮浸软，去瓤。
2. 锅中加水，放陈皮煲开，再加其他食材煮 10 分钟，然后改小火煲 3 小时，下盐、生抽调味即可。

食用宜忌

一般人皆可食用；陈皮以表面棕色、质脆、气香者为佳。

党参豆芽猪骨汤

口味 咸香　　时间 1 小时
技法 炖　　功效 补虚强体，和中益气

绿豆芽有通经脉、解毒素、补肾脏、降血脂之效。

原料

党参 15 克，绿豆芽 200 克，猪尾骨 500 克，番茄 1 个，盐 5 克

做法

1. 猪尾骨斩段，汆烫；绿豆芽洗净；番茄切块。
2. 猪尾骨、绿豆芽、番茄、党参放锅中，加水以大火煮开后转小火炖 30 分钟，加盐调味即可。

食用宜忌

适宜气血不足、身体虚弱者；慢性腹泻及脾胃虚寒者忌食。

板栗桂圆炖猪蹄

口味 咸鲜　　时间 50 分钟
技法 炖　　功效 宁神助眠，固守肾气

板栗具有补脾健胃、补肾强筋的功效，猪蹄具有美容、增强皮肤弹性的功效，二者加桂圆同煲汤，非常适合春季食用。

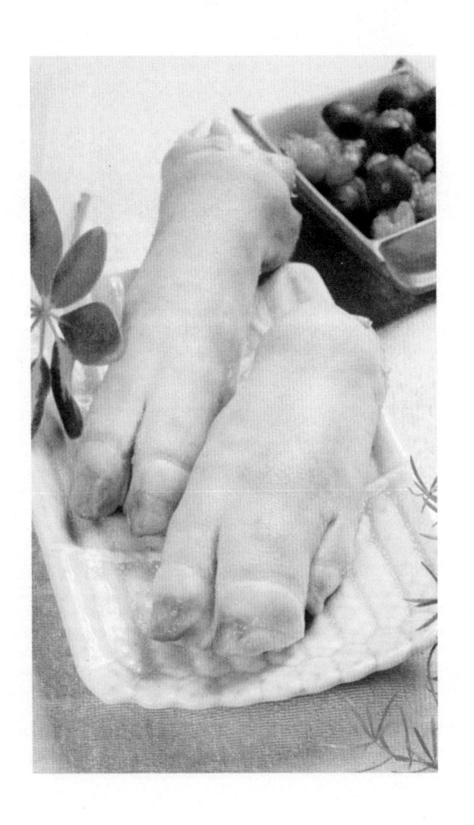

原料

板栗、桂圆肉各 150 克，猪蹄 500 克，盐 5 克

做法

1. 板栗稍煮后剥膜，沥干；猪蹄斩块入沸水中汆烫，冲洗后备用。
2. 板栗、猪蹄放入炖锅，加水至没过原料，煮开后改小火炖 30 分钟；桂圆肉入锅，续炖 5 分钟，加盐调味。

食用宜忌

适宜睡眠不佳、心神不宁者食用；动脉硬化、高血压患者忌食。

花生猪蹄汤

口味 咸鲜　　时间 3.5 小时
技法 煲　　功效 益气养血，润燥止渴

花生富含各种营养素，与美容、滑肌的猪蹄同煲汤，有益气和胃、补血养血的功效。

原料

红豆 30 克，绿豆、花生各 50 克，猪蹄 600 克，蜜枣 4 颗，盐 3 克，生姜片 5 克，胡椒粉适量

做法

1. 红豆、绿豆与去壳花生浸泡 1 小时；蜜枣洗净；猪蹄去毛，斩块，飞水；锅内放生姜片，爆炒猪蹄 5 分钟。
2. 瓦煲内放适量水，煮沸后加入以上食材，大火煲滚后改用小火煲 3 小时，加盐、胡椒粉调味即可。

食用宜忌

适宜皮肤干涩晦暗，易生色斑、疮疖，口干频渴者；脾虚气滞、消化功能差者不宜多服本汤。

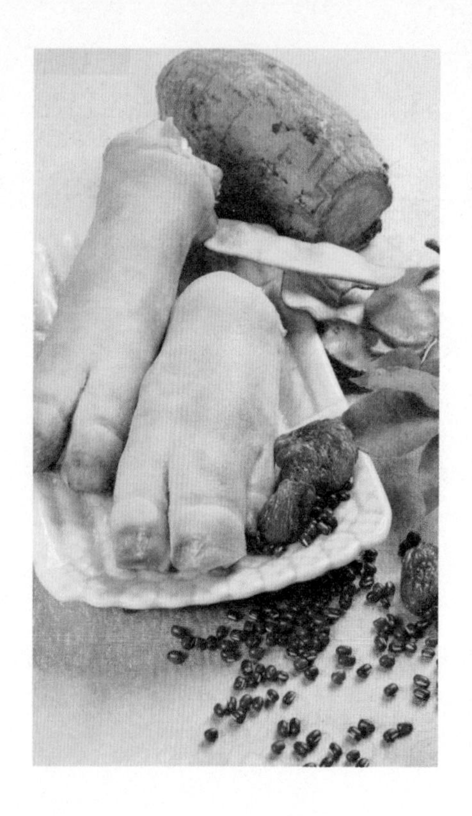

粉葛猪蹄汤

口味 咸鲜　　时间 3 小时
技法 煲　　功效 祛湿润燥，清热下火

粉葛、猪蹄配以红豆、鲜扁豆等煲汤，可以起到气血双补、美容养颜的作用。

原料

粉葛、猪蹄各 500 克，红豆、鲜扁豆各 100 克，蜜枣 4 颗，盐适量

做法

1. 粉葛去皮，切块；红豆、蜜枣洗净，稍浸泡；鲜扁豆洗净，择去老筋，切段。
2. 将粉葛放入煲内，加适量清水以大火煲开后改用小火再煲 20 分钟，然后加入其他食材继续煲 2.5 小时，加盐调味即可。

食用宜忌

一般人均可食用，特别适宜食欲不振者在春季食用；胆固醇高的人忌食。

番茄土豆猪脊骨汤

口味 咸鲜　　时间 3.5 小时
技法 煲　　功效 开胃健脾，益智养心

猪脊骨有补肾阳、填精髓的功效，可用作肾虚、阳痿、贫血、烦热等症的食疗品。

原料

番茄 250 克，土豆 300 克，猪脊骨 600 克，乌梅 3 颗，盐 5 克

做法

1. 番茄去蒂，切成块；土豆去皮，切成块状；乌梅洗净。
2. 猪脊骨洗净，斩块，汆水。
3. 将适量清水放入瓦煲，煮沸后加以上食材，大火煮沸后改小火煲 3 小时，加盐调味即可。

食用宜忌

此汤非常适合一般人春季作食疗用；胃酸过多者不宜服用此汤。

冬瓜脊骨汤

口味 咸鲜　　时间 3.5 小时
技法 煲　　功效 清湿热，去燥火

冬瓜、猪脊骨同食有清热利湿、消肿止痛之效。

原料

西瓜、冬瓜各 500 克，猪脊骨 600 克，蜜枣 2 颗，盐 5 克

做法

1. 冬瓜、西瓜切块；蜜枣去核；猪脊骨斩块，飞水。
2. 将适量清水放入瓦煲内，煮沸后加入所有食材，大火煲滚后改用小火煲 3 小时，加盐调味。

食用宜忌

适合烦渴思饮、胸闷胀满者春季食用；脾胃虚寒者慎用。

食用宜忌

此汤一般人皆可食用；白果心含有毒素，故在食用前最好去掉。

玉米须山药猪尾汤

口味 咸鲜　　时间 3.5 小时
技法 煲　　功效 润肺化痰，固肾健脾

玉米须、山药、猪尾煲汤有调理机体、强健体魄之效。

原料

猪尾 1000 克，玉米须 50 克，山药 100 克，白果 40 克，红枣 5 颗，盐 4 克

做法

1. 猪尾斩段；红枣、山药、玉米须洗净；白果去壳、心。
2. 把全部食材放入锅内，加适量清水，大火煮沸后改用小火煲 3 小时，加盐调味即可。

苹果雪梨煲牛腱

口味 清淡　　时间 1.5 小时
技法 煮　　功效 美白养颜，润肺化痰

牛腱补中益气，与苹果、雪梨同煲，适合春季食用。

原料

牛腱 600 克，苹果、雪梨各 1 个，南杏仁 25 克，红枣 5 颗，姜片、盐各 5 克

做法

1. 牛腱切块，汆烫；南杏仁、姜片洗净；红枣去核；苹果、雪梨去皮切片。
2. 食材和姜片加水煮沸，改小火煮 1 小时，加盐调味。

食用宜忌

此汤尤其适宜肝炎、肝硬化患者春季食用；脾胃虚寒者忌食此汤。

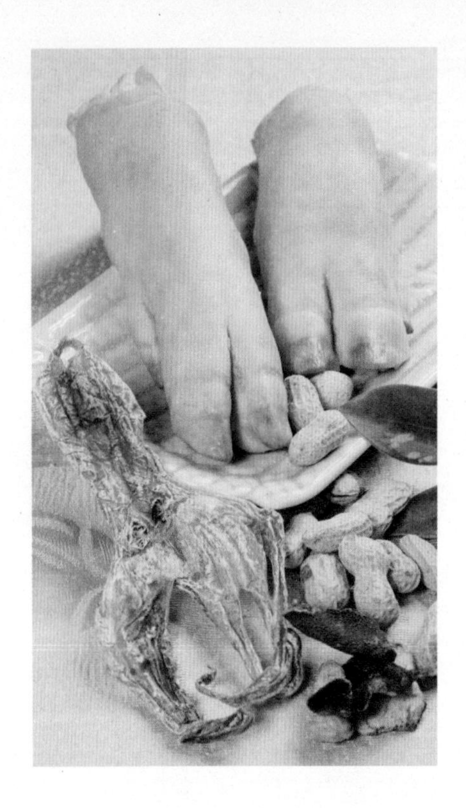

章鱼干花生猪蹄汤

口味 咸鲜　时间 2.5 小时
技法 煲　功效 补血益气，健腰固肾

章鱼干、花生、猪蹄同煲汤有补虚增乳、益气补血、强健腰肾的功效。

原料
章鱼干 120 克，花生 60 克，猪蹄 500 克，陈皮 5 克，盐 4 克

做法
1. 章鱼干浸泡，洗净；花生去壳，洗净；陈皮洗净，去瓤，浸泡。
2. 猪蹄洗净，去尽毛，斩块。
3. 将所有食材放入瓦煲内，加 2 000 毫升清水，大火煲开后改用小火煲 2 小时，加盐调味即可。

食用宜忌
此汤适宜老年人以及产后体虚、缺乳的女性食用；有慢性皮肤病的患者忌食此汤。

山药花生炖猪尾

口味 咸鲜　时间 3 小时
技法 炖　功效 补肾养肝，强筋健骨

山药有滋肾益精、健脾养胃、润肺止咳的功效，配以花生和猪尾同炖汤，营养更加丰富，非常适合在春季作食疗用。

原料
猪尾 300 克，杜仲、山药各 10 克，花生仁 25 克，盐、味精各适量，料酒 10 毫升

做法
1. 猪尾用沸水烫后刮净猪毛，斩成小段。
2. 杜仲、山药、花生仁用温水浸透。
3. 将所有食材放入汤煲内，加适量清水，倒入料酒，炖 2~3 小时，加适量盐、味精调味即可。

食用宜忌
此汤一般人都可以食用；患有高脂血症的人应少吃一些花生。

夏季消暑祛湿汤 夏季人们容易烦躁上火，极易发生中暑。此时在饮食上要以清淡、甘润为主，可减少暑热、暑湿邪气对人体的侵袭。

板栗土鸡汤

口味 清甜　　时间 40分钟

技法 炖　　功效 养胃健脾，温中补气

板栗补肾强骨，其所含的不饱和脂肪酸及多种维生素，对动脉硬化、高血压等有治疗作用。

原料

土鸡500克，板栗200克，红枣5颗，盐、生姜片各5克，味精、鸡精各2克

做法

1. 土鸡剖净切块，汆水；板栗剥壳；红枣洗净。
2. 将鸡块、板栗、红枣放入炖盅内，加生姜片，置小火上炖熟，加盐、味精、鸡精调味即可。

食用宜忌

适宜各类人群夏季食用；板栗一次不可进食过多，生吃过多难以消化，熟食过多则阻滞肠胃。

椰子杏仁鸡汤

口味 清甜　　时间 2.5小时

技法 煲　　功效 补益脾胃，润肤养颜

椰子可利水消肿，杏仁可润肠通便，二者与鸡炖汤，有养阴生津、补益脾胃的功效。

原料

椰子1个，鸡500克，银耳40克，蜜枣3颗，杏仁5克，生姜片2克，盐适量

做法

1. 鸡洗净，剁成块；椰子去壳取肉，洗净。
2. 银耳浸透，去硬梗，洗净；蜜枣、杏仁分别洗净。
3. 锅中加水，放食材和生姜片煮开煲2小时，放盐调味。

食用宜忌

此汤特别适宜男女老少夏季食用；选购椰子时假如按下有软软的感觉，表示果实太熟，不宜购买。

银耳椰子鸡汤

口味 清甜　　时间 3.5 小时
技法 煲　　功效 消暑解燥，化痰凉血

银耳润肠益胃、滋阴润肺，椰子富含多种营养素，二者同食可提高机体的抗病能力。

原料

银耳 25 克，新鲜椰子 1 个，鸡腿 500 克，红枣 2 颗，姜片 2 克，盐少许

做法

1. 银耳泡发；椰子取汁；鸡腿斩块，汆烫后捞出，洗净备用；红枣去核，洗净。
2. 汤锅内加适量清水，大火煮开后放入银耳、鸡腿、红枣、姜片，先以大火煮开，改小火继续煲 3 小时，待汤快煮好时加入椰子汁，并加盐调味即可。

食用宜忌

夏天流汗多、易上火、体力虚耗大者适合食用此汤；要在汤快煮好时再加入椰子汁。

眉豆花生凤爪汤

口味 清甜　　时间 2.5 小时
技法 煲　　功效 健脾利湿，消肿

眉豆主要用于脾虚有湿、呕吐腹泻、少食便溏等症，非常适合在暑热的夏季食用。

原料

眉豆、花生各 60 克，凤爪 400 克，蜜枣 3 颗，盐 5 克

做法

1. 眉豆洗净，放水中浸泡 1 小时；花生去壳，洗净；蜜枣洗净。
2. 凤爪用开水略烫，褪去黄色表皮，洗净。
3. 将清水 1 800 毫升放入瓦煲内，煮沸后加入以上食材，大火煲沸后改用小火煲 2 小时，加盐调味即可。

食用宜忌

适于脾虚湿重引起的下肢及颜面水肿、头身困重者；眉豆、花生煲前要用水浸泡一段时间。

三七红枣汤

口味 清甜　　时间 2 小时
技法 煮　　功效 清肺益气，散淤生新

三七、红枣同煲汤有活血调经、补益气血、滋肝润肺的功效，是夏季的补益佳品。

原料

黑木耳 50 克，三七 15 克，红枣 11 颗，生姜片 2 克，盐适量

做法

1. 红枣洗净，去核；黑木耳放在清水中泡发，去蒂，撕成小朵；三七洗净，打碎。
2. 上述食材和生姜片入锅，加入 2 000 毫升水，大火煮沸后转中火再煮 2 小时左右，最后加盐调味即可。

食用宜忌

适合肥胖、手脚冰冷及面部有黑斑之人于夏季进补用；性冷淡、阳痿患者及孕妇忌食黑木耳。

番茄皮蛋汤

口味 咸鲜　　时间 40 分钟
技法 煮　　功效 消暑解燥，化痰凉血

皮蛋具有清热去火、治疗泻痢的功效，非常适合在夏季用于治疗咽喉痛及便秘等症。

原料

番茄、皮蛋各 2 个，菠菜 150 克，高汤 250 毫升，生姜 5 克，盐、植物油各适量

做法

1. 番茄放入沸水中稍烫，撕去外皮，对半剖开，去蒂，切成片；生姜切成末；皮蛋剥去蛋壳，对剖，切片；菠菜洗净，切段备用。
2. 锅加油烧至六成热时放皮蛋炸酥，加高汤淹过皮蛋，放生姜末，煮至汤色泛白，加菠菜、番茄片和盐，待煮开即可熄火盛出。

食用宜忌

适用于夏季容易心烦口渴者。

干贝老鸭汤

口味 咸鲜　　时间 3.5 小时
技法 煲　　功效 消暑健脾，和胃调中

冬瓜利水，老鸭性凉，配以干贝适合夏季食用。

原料

冬瓜 500 克，干贝 50 克，老鸭 1 只，猪瘦肉 200 克，陈皮 1 片，盐少许

做法

1. 干贝泡软；冬瓜连皮切块；猪瘦肉和陈皮洗净；老鸭剖净，去头、尾，剁成块，汆烫，捞起冲净，沥干。
2. 锅中烧开水，放所有食材，续煲 3 小时，熄火前加盐。

食用宜忌

一般人皆可食用；儿童、痛风患者不宜多食干贝。

苦瓜瘦肉汤

口味 咸鲜　　时间 3.5 小时
技法 煲　　功效 降压解毒，清热泻火

苦瓜清心开胃，解暑下火，适合夏季食用。

原料

苦瓜 500 克，海带 100 克，猪瘦肉 250 克，盐、味精各适量

做法

1. 苦瓜去瓤，切块；海带泡发，切丝；猪瘦肉切小块。
2. 把所有食材放进砂锅中，加适量清水，煲至猪瘦肉熟烂，调味即可。

食用宜忌

适合肥胖、动脉硬化、高血压患者食用。

山楂二皮汤

口味 清甜　　时间 40 分钟
技法 煮　　功效 清热消暑，健脾开胃

山楂、陈皮、冬瓜皮同食具有行气活血、化痰开音的功效。

原料

山楂片、陈皮各 20 克，冬瓜皮 30 克，白糖 20 克

做法

1. 山楂片洗净；陈皮、冬瓜皮洗净，切块备用。
2. 锅内加适量水，放入山楂片、陈皮、冬瓜皮，小火煮沸后去渣取汁，调入白糖即成。

食用宜忌

一般人皆可食用；脾胃虚弱者不宜食用过多，以免伤中气。

紫菜肉丝汤

口味 咸鲜　　时间 1小时
技法 煮　　功效 益明清降，消暑祛湿

紫菜、粉丝、丝瓜搭配猪瘦肉煲汤，有消脂降压的功效，适合暑热的夏季食用。

原料

粉丝20克，紫菜10克，猪瘦肉250克，丝瓜块300克，花生油10毫升，生粉3克，味精1克，酱油5毫升，盐、葱各5克

做法

1. 猪瘦肉切丝，加味精、酱油、生粉和葱腌30分钟；粉丝、紫菜浸泡15分钟。
2. 瓦煲内加水，煮沸后加花生油、粉丝、紫菜、丝瓜煮10分钟，放猪瘦肉煮至肉熟，加盐调味即可。

食用宜忌

本汤是高血压、高脂血症、糖尿病及肥胖者暑天的食疗佳品；本汤清凉，脾胃虚寒者慎用。

毛豆煲瘦肉

口味 咸鲜　　时间 30分钟
技法 煲　　功效 补中益气，涩精实肠

毛豆富含不饱和脂肪酸，可以改善脂肪代谢，降低人体中的甘油三酯和胆固醇的含量。

原料

毛豆100克，猪瘦肉300克，盐3克，味精2克，胡椒粉3克，八角1粒，生姜片5克

做法

1. 毛豆洗净；猪瘦肉洗净，切块。
2. 锅中加入适量水烧开，放入猪瘦肉块稍微焯烫，捞出，沥干水分。
3. 将所有食材及八角、生姜片放入煲内，上火煲至猪瘦肉熟烂，加盐、味精、胡椒粉调味即可。

食用宜忌

适宜容易上火、肩背易酸痛、精神不安、常焦躁者；患皮肤病及服中药期间禁食。

牛蒡猪肉汤

口味 咸鲜　　时间 1 小时
技法 煮　　功效 清肝化痰，解暑消热

牛蒡抗菌消炎、利尿消积、去火消肿、清肠排便，配以猪瘦肉煲汤是夏季的食疗佳品。

原料
牛蒡 300 克，猪里脊肉 150 克，紫菜 50 克，香菜 25 克，盐、味精、料酒、生粉、葱末、生姜末、芝麻油各适量

做法
1. 牛蒡去皮切丝，浸泡半小时，换水再泡，沥干；猪里脊肉切丝，加调味料；紫菜泡开；香菜切末。
2. 锅内放水和牛蒡丝烧沸，加盐和肉丝再烧沸，去浮沫，改小火续煮至肉熟，加紫菜煮沸，放香菜、芝麻油。

食用宜忌
适合糖尿病、高血压患者夏季食用。

苦瓜软骨汤

口味 咸鲜　　时间 2 小时
技法 蒸　　功效 清热去火，美容养颜

猪软骨含有丰富的钙质和胶质，对青少年的生长发育很有益处，配以清热去火的苦瓜，适合夏季食用。

原料
猪软骨 180 克，苦瓜 1 条，盐 5 克，鸡精 2 克，味精 3 克

做法
1. 将猪软骨切条，并放入锅中汆水；苦瓜剖成两半，去瓤后切成块。
2. 将以上原料装入炖盅内，加适量清水用中火隔水蒸 2 小时。
3. 加盐、鸡精、味精调味即可。

食用宜忌
特别适合皮肤粗糙、干燥者；苦瓜性寒，而儿童肠胃功能较弱，因此不宜多吃。

竹荪排骨汤

口味 咸鲜　　时间 2小时

技法 蒸　　功效 清热去火，润肺止咳

竹荪、排骨二者同食可提高机体的免疫能力。

原料

排骨200克，竹荪20克，鸡精、味精各1克，盐2克

做法

1. 竹荪洗净；排骨斩块，焯水。
2. 排骨、竹荪放入炖盅，加入适量清水，放入蒸笼，蒸约2小时。
3. 加鸡精、味精、盐调味即可。

食用宜忌

一般人皆可食用；竹荪头部有恶臭，烹调前将其去掉。

黄豆脊骨汤

口味 清甜　　时间 3小时

技法 煲　　功效 清热气，解疮毒

黄豆、猪骨同食有降压、补气、益脾之效。

原料

夏枯草20克，黄豆50克，猪脊骨700克，蜜枣5颗，盐5克

做法

1. 夏枯草浸泡半小时；黄豆浸泡1小时；猪脊骨斩块，飞水；蜜枣洗净。
2. 瓦煲加水煮沸放入以上食材煲2小时，加盐调味。

食用宜忌

适宜痤疮、红眼病、高血压患者；胃寒者慎用。

生地茯苓脊骨汤

口味 清甜　　时间 3小时

技法 煲　　功效 清热凉血，解毒利湿

生地清热凉血，与茯苓、脊骨煲汤，适合夏季食用。

原料

生地、茯苓各50克，猪脊骨700克，蜜枣5颗，盐5克

做法

1. 生地、茯苓浸泡；蜜枣洗净；猪脊骨斩块，飞水。
2. 将适量清水放入瓦煲，煮沸后加以上食材，大火煲沸后改小火煲3小时，加盐调味即可。

食用宜忌

适合痈疮肿毒等血热者夏季食用；胃寒、脾虚泄泻者慎食。

秋季养阴防燥汤 秋季阳气渐收，人体的生理活动也发生相应改变，养生应注重保养体内的阴气，饮食应以滋阴润燥、补肝清肺为主。

玄参麦冬瘦肉汤

口味 咸鲜　　时间 3 小时

技法 煲　　功效 清热泻火，利咽

玄参、麦冬搭配猪瘦肉煲汤具有清热解毒、养阴解渴、清心除烦的功效。

原料

猪瘦肉 500 克，玄参、麦冬各 25 克，蜜枣 5 颗，盐 5 克

做法

1. 玄参、麦冬浸泡；猪瘦肉切块汆水；蜜枣洗净。
2. 将适量清水放入瓦煲内，煮沸后加入以上食材，大火煲滚后改用小火煲 3 小时，加盐调味。

食用宜忌

适合咽喉肿痛、风火牙痛、口干声嘶、心烦口渴者；胃寒、脾虚泄泻者慎用。

玉竹瘦肉汤

口味 咸鲜　　时间 3 小时

技法 煲　　功效 润肺止咳，滋阴润燥

玉竹、沙参、百合与猪瘦肉煲汤，有养阴润肺、补肾安神、滋补强身的功效。

原料

北沙参、玉竹、百合各 30 克，猪瘦肉 500 克，蜜枣 3 颗，盐 5 克

做法

1. 沙参、玉竹、百合洗净，浸泡 1 小时；猪瘦肉切块，飞水，洗净；蜜枣洗净。
2. 煲内加适量水煮沸放以上食材小火煲 3 小时，加盐调味。

食用宜忌

常用于辅助治疗秋燥、肺燥、糖尿病等病症；本汤清凉，滋阴力强，肺虚、寒咳者慎用。

海底椰参贝瘦肉汤

口味 咸鲜　　时间 4 小时
技法 炖　　功效 益气养阴，清肺化痰

海底椰具有滋阴补肾的功效，太子参具有补肺健脾的功效，川贝母具有止咳化痰的功效，三者同食益气养阴功效显著。

原料

海底椰150克(干品15克)，太子参、川贝母各10克，猪瘦肉400克，蜜枣3颗，盐5克

做法

1. 海底椰洗净；太子参洗净，切片；川贝母洗净，打碎；猪瘦肉洗净，飞水；蜜枣洗净。
2. 所有食材放入炖盅，加开水隔水炖4小时，加盐调味。

食用宜忌

用于气阴两虚引起的咳嗽、口干、烦渴、气短多汗者；肺虚寒咳、痰白清稀者慎用此汤。

杏仁萝卜猪腱汤

口味 咸鲜　　时间 2 小时
技法 煲　　功效 消食化积，生津止咳

杏仁、白萝卜、罗汉果与猪腱煲汤可以清除肺热，祛痰开胃，适合治疗秋燥。

原料

白萝卜、猪腱肉各200克，罗汉果1个，杏仁25克，姜2片，盐适量

做法

1. 猪腱肉切块，汆水，捞出，洗净；白萝卜去皮，切块；罗汉果打碎；杏仁洗净。
2. 水开加所有食材及姜片，水再开煲2小时，加盐调味。

食用宜忌

咽喉不利、咯血、便血者适合食用此汤；猪腱肉不要切大块，以免不易煮熟、煮烂。

蝎子猪肉汤

口味 咸鲜　　时间 3 小时
技法 煲　　功效 解毒利湿，滋阴健肤

蝎子清热解毒，与猪瘦肉等煲汤，有防秋燥的作用。

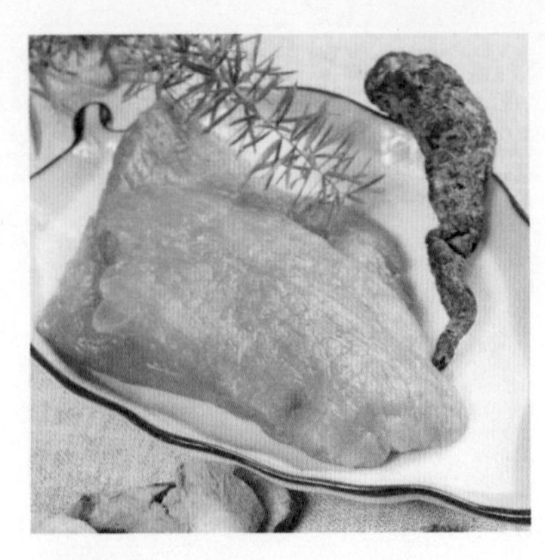

原料

土茯苓 50 克，生地、蝎子各 30 克，猪瘦肉 200 克，盐 5 克

做法

1. 土茯苓、生地浸泡；蝎子洗净；猪瘦肉切片，汆烫。
2. 将适量清水放入瓦煲，煮沸后加入以上原料，大火煲开后改用小火煲 3 小时，加盐调味即可。

食用宜忌

一般人皆可食用；本汤寒凉，脾胃虚寒者不宜食用。

黄瓜扁豆排骨汤

口味 咸鲜　　时间 3.5 小时
技法 煲　　功效 清热利咽，去湿利尿

扁豆、黄瓜等与排骨煲汤，适合在干燥的秋季食用。

原料

黄瓜 400 克，鲜扁豆 30 克，麦冬 20 克，排骨 600 克，蜜枣 3 颗，盐 5 克

做法

1. 黄瓜洗净，切段；麦冬洗净；鲜扁豆择去头、尾、老筋洗净；蜜枣洗净；排骨斩块，洗净，汆水。
2. 煲内加水煮沸，放入以上食材煲 3 小时，加盐调味。

食用宜忌

用于烦躁易怒、咽喉肿痛、尿少尿黄、心烦者；胃寒者慎用。

桑白茯苓脊骨汤

口味 咸鲜　　时间 3 小时
技法 煲　　功效 健脾利湿，化痰

猪脊骨与各药材同煲汤，是秋季的润肺佳品。

原料

桑白皮、白果各 20 克，茯苓 40 克，猪脊骨 600 克，盐 5 克

做法

1. 桑白皮、茯苓洗净，浸泡 1 小时；白果去壳、去红衣及心；猪脊骨斩块，洗净，飞水。
2. 煲内加水煮沸放入以上食材，煲 3 小时，加盐调味。

食用宜忌

一般人皆可食用；有皮肤病者不宜多饮用本汤。

生地煲龙骨

口味 咸鲜　　时间 1小时
技法 炖　　功效 清热凉血，养阴生津

生地具有凉血的功效，龙骨具有除烦热的作用，二者煲汤有清热解毒的作用。

原料

龙骨 500 克，生地 20 克，姜 10 片，盐 5 克，味精 3 克

做法

1. 龙骨洗净，斩成小段；生地洗净。
2. 锅中加入适量清水烧沸，下入龙骨段，焯去血水后捞出沥水。
3. 取一炖盅，放入龙骨、生地、生姜和适量清水，隔水炖 45 分钟，调入盐、味精即可。

食用宜忌

一般人皆可食用；生地性寒而滞，脾虚湿滞、腹满便溏者不宜食用。

二冬骶骨汤

口味 咸鲜　　时间 3 小时
技法 炖　　功效 滋阴补髓，颐养容颜

天门冬、麦冬、熟地、生地及人参与猪骶骨煲汤，具有生津止渴、养阴润肺的作用。

原料

天门冬、麦冬各15克，熟地、生地各25克，人参10克，猪骶骨 200 克，盐适量

做法

1. 麦冬、人参分别洗净，切薄片；天门冬、熟地、生地分别洗净，备用。
2. 猪骶骨洗净，斩段。
3. 全部食材放入炖盅内，加适量开水，炖盅加盖，小火隔水炖 3 小时，调味即可。

食用宜忌

适用于气血不足、容颜无华、阴虚内热者；脾虚湿滞、腹满便溏者不宜饮用本汤。

银耳猪骨汤

口味 咸鲜　　时间 2小时
技法 煲　　功效 清燥润肺，健胃生津

银耳润燥作用良好，与猪骨同煲，是秋季进补佳品。

原料

猪脊骨750克，银耳50克，青木瓜100克，去核红枣10颗，盐5克

做法

1. 猪脊骨斩块；木瓜去皮、核，切块；银耳泡发，撕朵。
2. 猪脊骨、木瓜、红枣放入清水锅，大火煮开后改小火煲1小时，放银耳，再煲1小时，加盐调味。

食用宜忌

一般人皆可食用；用红枣煲汤时应去核。

川贝炖猪骨

口味 咸鲜　　时间 2小时
技法 炖　　功效 清热化痰，润肺散结

川贝与猪骨同炖，对秋季咽干、咳嗽者非常有益。

原料

猪瘦肉200克，凤爪4只，猪骨1块，川贝、桂圆肉各12克，红枣1颗，盐5克，味精、糖、鸡精各3克，枇杷叶适量

做法

1. 猪瘦肉切块，猪骨斩段，凤爪去趾甲，同汆烫。
2. 所有食材放炖盅，加调味料和水，隔水炖2小时即可。

食用宜忌

适用于咳嗽或咽干口燥者；筋粗的凤爪煲汤更美味。

蚵干炖猪蹄

口味 咸香　　时间 4小时
技法 蒸　　功效 调理脾胃，补血止血

蚵干具有安神助眠、化痰止痛的功效。

原料

猪蹄250克，蚵干100克，花生仁200克，盐5克

做法

1. 猪蹄洗净斩段，沥干，以大火炸至金黄色。
2. 花生放入沸水中汆烫去皮，捞出洗净。
3. 将猪蹄、花生、蚵干放入炖盅内，加适量清水，上笼蒸4小时，加盐调味即可食用。

食用宜忌

一般人都适合饮用；高血压、高胆固醇血症、高脂血症、肥胖者少食。

木耳猪肠汤

口味 咸鲜　　时间 3 小时

技法 煲　　功效 止泻止痢，补虚润燥

无花果具有帮助消化、促进食欲及抗炎消肿的作用，还可防治高血压、心脏病等。

原料

无花果 50 克，黑木耳 20 克，马蹄 100 克，猪肠 400 克，猪瘦肉 150 克，蜜枣 3 颗，盐、生粉各 5 克，花生油适量

做法

1. 无花果、黑木耳浸泡；马蹄去皮；猪瘦肉切块汆烫；猪肠翻转，用花生油、生粉反复搓擦，以去除秽味及黏液，冲洗干净，切段汆水；蜜枣洗净。
2. 煲内加水煮沸，放以上食材，煲 3 小时调味。

食用宜忌

用于高血压、高脂血症，或大肠热盛引起的便秘患者；脾胃虚弱、气虚便秘者慎用。

杏仁猪肺汤

口味 咸鲜　　时间 3 小时

技法 煲　　功效 清肺化痰，止咳

南杏仁、北杏仁与猪肺煲汤，有宣肺止咳、润肠通便、散寒解表、生津止渴的功效。

原料

白菜干 50 克，南杏仁 20 克，北杏仁 10 克，猪肺 750 克，蜜枣 4 颗，盐 5 克，姜 2 片

做法

1. 白菜干浸泡 1 小时，洗净，切段；南杏仁、北杏仁洗净，温水浸泡，去皮、尖；蜜枣洗净；猪肺挤去血水，切块，汆水，爆炒 5 分钟。
2. 将适量清水放入瓦煲，煮沸后加以上食材和姜片，大火煲滚后改小火煲 3 小时，加盐调味即可。

食用宜忌

用于肺热、肺燥引起的咳嗽痰黄，或干咳少痰、大便干结者；本汤寒凉，肺虚寒咳者不宜食用。

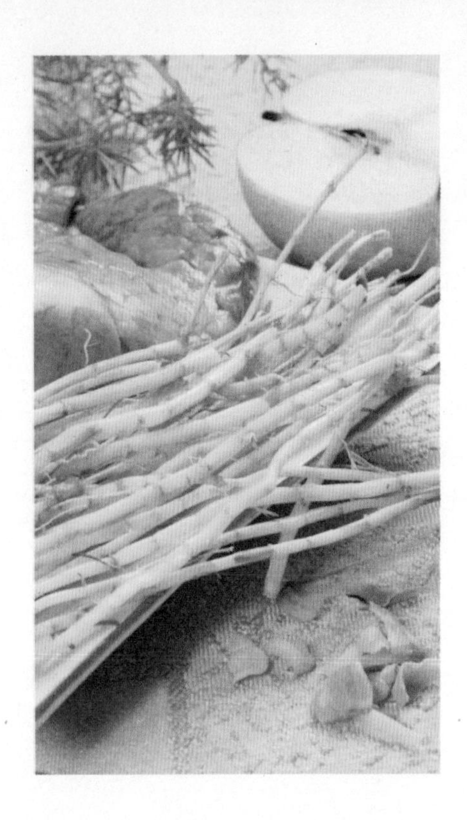

茅根猪肺汤

口味 清甜　　时间 3 小时

技法 煲　　功效 清燥润肺，凉血止血

茅根、雪梨、百合与猪肺煲汤，具有清热去火、润肺化痰、止咳凉血的功效。

原料

鲜白茅根 50 克，雪梨 3 个，百合 30 克，猪肺 800 克，盐 3 克

做法

1. 鲜白茅根洗净；雪梨去核，切块，洗净；百合洗净，浸泡 1 小时。
2. 猪肺挤尽血水，切块，飞水，干爆 5 分钟。
3. 将清水放入瓦煲，煮沸后加入以上食材，大火煲沸后改用小火煲 3 小时，调味即可。

食用宜忌

用于因肺热、肺燥而咳痰带血者；本汤寒凉，胃寒及肺虚寒咳者慎用。

杏仁桑白煲猪肺

口味 咸鲜　　时间 35 分钟

技法 煲　　功效 清肺润燥，养阴止咳

杏仁可润肺止咳，桑白皮可止咳平喘、清肺热，猪肺可润肺养肺，三者煲汤可以起到润肠通便、除燥止咳、宣肺化痰的作用。

原料

杏仁 20 克，桑白皮 15 克，猪肺 250 克，盐 5 克

做法

1. 先将猪肺放清水中洗净，切片；杏仁、桑白皮分别洗净，备用。
2. 猪肺、杏仁、桑白皮一起放入瓦锅内，加适量水煲至猪肺熟烂，加盐调味即可。

食用宜忌

适合秋冬气候干燥引起的燥热咳嗽者，老年人干咳无痰、大便燥结、咽干喉燥、心烦口渴者也可用本汤做食疗；猪肺最好选择颜色稍淡的。

冬季温阳固肾汤 冬季阴寒偏盛，人的机体生理活动也处于抑制状态。此时应该避寒就温，养生宜助生阳气，求取温暖，饮食适宜温补。

鹿茸黄芪鸡汤

口味 咸香　　时间 3 小时

技法 煲　　功效 补气益气，滋阴补肾

滋补效果较强的鹿茸、黄芪与鸡同煲可起到滋阴补肾、养颜活血、强壮身体的作用。

原料

鸡肉 500 克，鹿茸、黄芪各 20 克，盐 5 克，味精 3 克，姜片 10 克

做法

1. 鹿茸、黄芪洗净；鸡肉切块焯水。
2. 炖锅内加适量水，下入所有食材，大火煲沸后再改小火煲 3 小时，加盐、味精调味即可。

食用宜忌

一般人皆可食用；阴虚阳亢、血热、胃火盛、肺有痰热及外感热病者都不宜服用鹿茸。

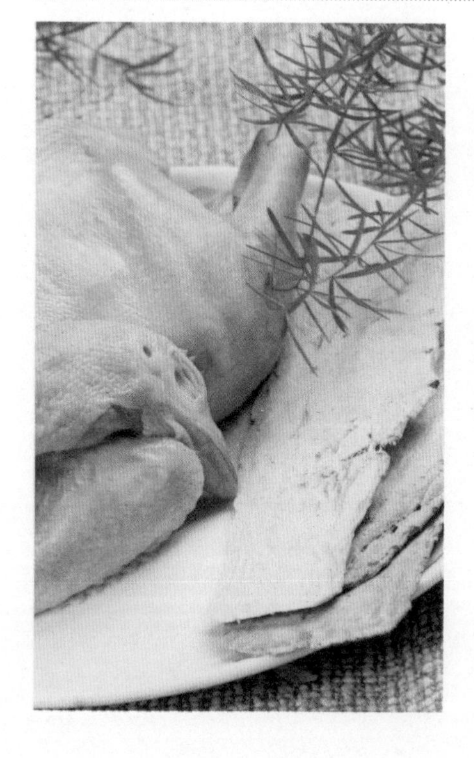

黄芪鸡汤

口味 咸香　　时间 2 小时

技法 煮　　功效 补中益气，提高食欲

黄芪能够降低血压，与鸡肉一起煲汤，具有养心安神的功效，可用于心脏病的辅助食疗。

原料

黄芪 20 克，童子鸡 1 只，葱、姜、盐、味精、料酒、花椒水各适量

做法

1. 童子鸡切成小块，放沸水中汆去血水，再放入瓦煲内。
2. 黄芪冲洗干净，放入瓦煲内，加适量水，小火煮 2 小时，再放入剩余原料即成。

食用宜忌

主要适用于因中气不足而体倦乏力、不思饮食者；内有积滞、疮疡者不宜食用黄芪。

淫羊藿鸡汤

口味 咸鲜　　时间 1小时
技法 炖　　功效 滋补肾阳，强壮筋骨

淫羊藿、巴戟天、红枣与鸡腿同食，滋补效果很好，适合在寒冷的冬季进补。

原料

巴戟天、淫羊藿各15克，红枣4颗，鸡腿500克，料酒5毫升，盐5克

做法

1. 鸡腿洗净，剁块，放入沸水中汆烫，捞起用清水冲净；巴戟天、淫羊藿、红枣洗净备用。
2. 鸡肉、巴戟天、淫羊藿、红枣放入瓦煲，加适量清水，大火煮开后加料酒，转小火续炖30分钟，加盐调味即可。

食用宜忌

适合肾气虚弱、遗精、阳痿等性功能障碍者，不孕、月经失调者；虚火旺、性欲亢进者忌食。

桑寄生何首乌蛋汤

口味 清甜　　时间 1.5小时
技法 煮　　功效 养血补肾，黑发养颜

桑寄生可祛风湿、强筋骨，何首乌可养血补肾，与高蛋白的鸡蛋同煲汤，既美味又营养。

原料

桑寄生30克，何首乌60克，红枣6颗，鸡蛋2个，红糖适量

做法

1. 桑寄生、何首乌分别洗净。
2. 红枣洗净，浸软，去核。
3. 将全部食材放入砂锅内，加适量清水，大火煮沸后改用小火煮30分钟，捞起鸡蛋去壳，再放入煮1小时，加红糖煮沸即可。

食用宜忌

用于血虚体弱、须发早白、头晕眼花、未老先衰者；红枣去核可去燥，所以煲汤时记住将枣核去掉。

杜仲核桃兔肉汤

口味 咸香　　时间 3小时
技法 煲　　功效 补肾益精，养血乌发

兔肉补中滋阴，配以杜仲、核桃，可补肾精、养阴血。

原料

兔肉200克，杜仲、核桃仁各30克，姜片10克，盐5克

做法

1. 兔肉斩块；杜仲、姜片洗净；核桃仁用开水烫去衣。
2. 全部食材放入瓦煲，加适量清水，放姜，大火煮沸后改小火煲2~3小时，加盐调味即可。

食用宜忌

此汤一般人皆可食用；兔肉要选用新鲜的。

熟地水鸭汤

口味 咸鲜　　时间 1小时
技法 煮　　功效 养阴滋肾，强壮腰膝

水鸭与熟地等药材煲汤，可滋肾补肺、润燥止咳。

原料

枸杞30克，熟地100克，女贞子50克，水鸭1只，姜5克，米酒、胡椒粉、味精、盐各适量

做法

1. 水鸭剖净切块，汆去血水；中药材洗净；姜切片。
2. 鸭块、药材、姜片放入炖锅，加适量清水，大火煲开转小火熬煮至鸭肉熟烂，加剩余原料调味。

食用宜忌

适合腰膝酸软、形体消瘦、眩晕耳鸣者食用；水鸭一定要汆水。

菠萝苦瓜炖鸡腿

口味 咸鲜　　时间 2小时
技法 蒸　　功效 利水消肿，消除焦躁

常食此汤可提高身体免疫力。

原料

菠萝、苦瓜各100克，土鸡腿250克，姜片10克，米酒3毫升，盐5克

做法

1. 菠萝用盐稍泡，切片；苦瓜切厚片；土鸡腿切成块，汆烫。
2. 炖盅加水、以上食材和姜片，放蒸锅蒸熟，调味。

食用宜忌

一般人皆可食用，火气大、便秘、口臭者宜常食用。

茯苓水鸭汤

口味 咸鲜　　时间 30 分钟
技法 炖　　功效 补脾益气，安心养神

水鸭具有益气养血、养阴退热等功效，与具有滋补功效的党参、茯苓、红枣同炖汤，很适合在寒冷的冬季食用。

原料

党参 15 克，茯苓 10 克，红枣 6 颗，水鸭 1 只，盐、味精各适量

做法

1. 水鸭洗净，剁块，放入沸水中氽烫，捞起冲净；所有中药材洗净。
2. 鸭肉、党参、茯苓、红枣放炖锅，加水，大火煮开转小火炖 30 分钟，加盐、味精调味即成。

食用宜忌

适合气喘、气血两虚而脸色苍白、神疲体倦、身体水肿者饮用。

杜仲鹌鹑汤

口味 咸鲜　　时间 3 小时
技法 煲　　功效 补益肝肾，强壮筋骨

鹌鹑与杜仲、枸杞等药材同时煲汤，具有养肝益肾、强筋壮骨、消除疲劳的功效。

原料

鹌鹑 1 只，杜仲 50 克，山药 100 克，枸杞 25 克，红枣 5 颗，姜片 10 克，盐 5 克，味精 3 克

做法

1. 鹌鹑去毛，宰杀洗净，除去内脏，剁成块，放入沸水中氽烫片刻，捞出。
2. 杜仲、枸杞、山药、红枣、姜片洗净。
3. 把全部食材放入炖锅内，加适量清水，大火煮沸后改小火煲 3 小时，加盐、味精调味即可。

食用宜忌

脾虚泻痢、小儿疳积、风湿痹证者适合食用；鹌鹑忌与猪肝及菌类食物一同食用。

猪骨补腰汤

口味 咸香　　时间 3 小时
技法 煲　　功效 坚筋骨，壮腰脊

猪脊骨与各中药材及黑豆煲汤，除了钙质含量丰富，还有补肾活血、祛风利湿的功效。

原料

杜仲、肉苁蓉各 10 克，巴戟天、狗脊各 5 克，牛大力、淮牛膝各 10 克，黑豆 20 克，猪脊骨 250 克，盐适量

做法

1. 猪脊骨洗净，放入沸水中焯水 3 分钟，洗净待用；黑豆洗净，用清水浸 30 分钟。
2. 其他药材洗净和猪骨、黑豆放入瓦煲，加水，大火煲开后改小火煲 2 小时；加盐调味即可。

食用宜忌

适合腰肌劳损、下背酸痛、四肢无力、体质虚弱者食用；牛大力以片大、色白、粉质、味甜者为佳。

骨碎补猪脊骨汤

口味 咸鲜　　时间 4 小时
技法 煲　　功效 补肾镇痛，活血壮筋

骨碎补可补肾强骨、续伤止痛，猪脊骨可滋补肾阴、填补精髓，二者同食对骨伤患者非常有益。

原料

骨碎补 30 克，猪脊骨 500 克，红枣 5 颗，盐 5 克

做法

1. 将骨碎补洗净，放入清水中浸泡约 1 小时；红枣洗净，去核。
2. 将猪脊骨斩成小段，洗净，放入沸水中汆烫一会儿，捞出备用。
3. 将清水 2 000 毫升放入瓦煲内，煮沸后加入以上食材，大火煲沸后改用小火煲 3 小时，加盐调味即可。

食用宜忌

适合腰肌劳损、肩周炎、骨质增生、椎间盘突出等引起疼痛的亚健康人群；阴虚内热或无淤血者慎服。

党参黄芪炖羊肉

口味 咸鲜　　时间 2 小时
技法 煲　　功效 利五脏，防寒冷

党参、黄芪与羊肉同食，具有驱寒暖身、强壮腰膝、补肾壮阳的作用。

原料

羊肉 1000 克，黄芪、党参各 100 克，桂圆肉 25 克，陈皮 2 块，老姜 10 克，盐、味精各适量

做法

1. 羊肉洗净，切块，汆去血水，捞出洗净；黄芪、党参泡软洗净；桂圆肉洗净；姜洗净，拍散；陈皮洗净，将内层丝络刮除后待用。
2. 将所有食材放入炖锅内，加水煮开后转小火煲 2 小时，待全部食材软烂，加盐、味精调味即成。

食用宜忌

一般人皆可食用；烹饪时要注意除去羊肉的膻腥味，否则会影响汤的口感。

胡椒茴香牛肉汤

口味 咸香　　时间 2 小时
技法 煲　　功效 温中散寒，理气暖胃

胡椒温中下气、消痰止呕，茴香健胃行气、消胀止痛，二者与牛肉同煲，适合于冬季作驱寒暖身食谱。

原料

胡椒、小茴香各 10 克，牛肉 500 克，蒜苗 20 克，盐适量

做法

1. 胡椒、小茴香洗净；蒜苗洗净，切段；牛肉洗净，切成大块。
2. 把全部食材放入炖锅内，加适量清水，大火煮沸后改小火煲 2 小时，加盐调味即可。

食用宜忌

适用于脘腹冷痛、食少呕吐、体寒肢冷者；牛肉不可与韭菜同食，同食可令人发热动火；也不可与板栗同食，否则易引起呕吐。

黄芪牛肉汤

口味 咸香　　时间 1小时
技法 炖　　功效 滋补气血，清肠去脂

黄芪与牛肉同食，可补肺养心、驱寒保暖。

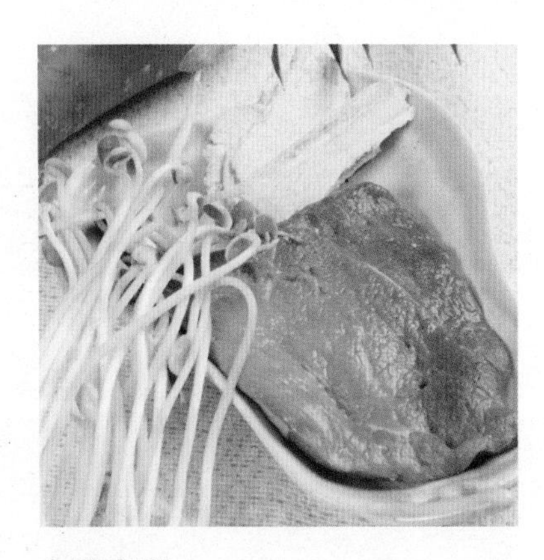

原料

牛肉600克，黄豆芽200克，胡萝卜100克，黄芪15克，盐5克

做法

1. 牛肉洗净，切块，汆烫后捞起；胡萝卜削皮，切块；黄豆芽掐去根须，冲净；黄芪洗净。
2. 炖锅加水，放以上原料煮沸炖50分钟，加盐调味。

食用宜忌

适宜容易倦怠、情绪不稳定者；此汤煲久一些，味道会更佳。

鹿茸川芎羊肉汤

口味 咸香　　时间 2小时
技法 煮　　功效 益精养血，强壮筋骨

羊肉与鹿茸、川芎、锁阳、红枣同炖，可补肾壮阳。

原料

羊肉500克，鹿茸9克，川芎12克，锁阳15克，红枣少许，盐、味精各适量

做法

1. 羊肉切小块；川芎、锁阳、红枣、鹿茸泡发洗净。
2. 把全部食材一起放入瓦煲内，加适量清水，大火煮沸后转小火煮2小时，加盐、味精调味即可。

食用宜忌

肾阳虚衰、阳痿滑精、崩漏带下者适合食用；孕妇慎用此汤。

附子煲狗肉

口味 咸香　　时间 2小时
技法 煮　　功效 温肾壮阳，祛寒止痛

附子与狗肉同煲有温阳散寒之效，适宜冬季食用。

原料

熟附子20克，狗肉500克，生姜50克，大蒜、盐、食用油各适量

做法

1. 生姜切片；大蒜去皮；狗肉洗净，剁块。
2. 起油锅，炒香蒜，加适量水，放入狗肉、熟附子、姜片煮2小时，加盐调味即可。

食用宜忌

适宜阳痿、身体虚寒、冬天手脚冰凉者；感冒、阴虚火旺者忌服。

白芷鲤鱼汤

口味 咸香　时间 2 小时
技法 煮　功效 调养气血，健脾开胃

白芷可以散风除湿，鲤鱼可以健脾开胃，二者同煲汤具有除湿、健脾的功效。

原料

白芷 20 克，鲤鱼 500 克，盐 5 克，味精 3 克，胡椒粉 2 克

做法

1. 将白芷洗净；鲤鱼宰杀，去鳞、鳃、内脏，放清水中洗净，沥干水备用。
2. 将全部食材放入砂锅内，加适量清水，大火煮沸后转中火煮至鱼熟，加盐、味精、胡椒粉调味即可食用。

食用宜忌

此汤适合脾胃虚弱者食用；鲤鱼忌与甘草同食，同食会中毒。

芡实白果老鸭汤

口味 咸鲜　时间 3 小时
技法 煲　功效 补中益气，健脾和胃

老鸭可补血行水、养胃生津，加以芡实和白果煲汤，更能收到滋补生津、润肺益气的功效。

原料

芡实 60 克，白果 90 克，老母鸭 1 只，料酒、食用油、盐各适量

做法

1. 将芡实洗净；白果去壳、皮、心洗净。
2. 老母鸭宰杀，去毛、内脏，洗净，斩成小块，入沸水中汆水，捞出沥干水。
3. 起油锅，放入鸭块爆炒 3 分钟，烹入料酒，加适量清水，大火煮沸后改小火煲 2 小时，加入芡实、白果再煮 1 小时，加盐调味即可。

食用宜忌

此汤一般人皆可食用；但是患有感冒及因阴虚而常腹泻的人应忌食鸭肉。

山药鲫鱼汤

口味 咸鲜　　时间 2 小时

技法 炖　　功效 补脾健胃，消食导滞

鲫鱼富含优质蛋白，可以健脾利湿、和中开胃、活血通络，与山药同煲，营养更加丰富。

原料

鲫鱼 1 条，山楂、山药各 30 克，盐、味精、姜片、食用油各适量

做法

1. 鲫鱼去鳞、鳃及肠脏，洗净切块。
2. 起油锅，用姜片爆香锅，下鱼块稍煎取出。
3. 山楂、山药洗净；把全部食材一起放入炖锅内，加适量清水，大火煮沸后转小火煮 1~2 小时，加盐、味精调味即可。

食用宜忌

适宜溃疡病、食滞型慢性胃炎患者；脾胃虚弱者不宜食用山楂，健康的人食用山楂也应有所节制。

木瓜鲤鱼汤

口味 咸鲜　　时间 2 小时

技法 煲　　功效 补中益气，健脾和胃

木瓜与鲤鱼同煲汤不仅汤味鲜美，还具有清心润肺、健脾益胃的功效。

原料

木瓜 300 克，鲤鱼 500 克，花生油 10 毫升，盐、姜片各 5 克

做法

1. 木瓜洗净，去皮，去籽，切成块状。
2. 鲤鱼去鳞、鳃、内脏，洗净；锅烧热，下花生油、姜片，将鲤鱼两面煎至金黄色。
3. 将适量清水放入瓦煲内，煮沸后加入以上食材，大火煲沸后改用小火煲 2 小时，加盐调味即可。

食用宜忌

一般人皆可食用；木瓜在常温下能储存 2~3 天，建议购买后尽快食用。

附录1

养生汤常用的12种食材

番茄

营养分析

番茄是防癌抗癌的首选果蔬，被一些人称为“癌症克星”。番茄性微寒，味甘、酸，有生津止渴、健胃消食、凉血平肝、清热解毒的功效。

巧识催红番茄

催红的番茄通体全红，外观呈多面体，籽呈绿色或未长籽，瓤内无汁。自然成熟的番茄蒂周围有些绿色，外观圆滑，籽粒多呈土黄色，肉质为红色，沙瓤，多汁。

莲子

营养分析

莲子含有丰富的蛋白质、碳水化合物、烟酸、钾、钙、镁等营养素，具有防癌抗癌、降血压、强心安神、滋养补虚、止遗涩精等功效。

巧辨新陈莲子

滴几滴清水在莲子上，表皮颜色会变深，新鲜莲子干后能迅速恢复原色，陈莲子干后不能恢复原色，会有色差。还要注意，有硫黄味的莲子一定不要买。

海带

营养分析

海带中碘含量极为丰富，常吃海带能令人头发乌亮；海带所含的钙元素可降低人体对胆固醇的吸收；海带富含抗癌明星——硒，具有防癌的作用。

泡发海带小窍门

将干海带放入蒸笼中蒸约半小时，取出后先用碱面将海带搓一遍，然后用清水泡约 6 小时，经这样处理过的海带又脆又嫩，而且无腥味。

莲藕

营养分析

莲藕含有淀粉、蛋白质、天门冬素、维生素 C 以及氧化酶等营养成分，生吃鲜藕能清热解烦、解渴止呕；煮熟的莲藕有健脾开胃、益血补心之效。

清水存鲜藕

将鲜藕的泥土清洗干净，根部朝下放入水缸或是水桶中，用清水淹没，隔 5~6 天换一次水。此法存鲜藕，冬天可存两个月，夏天只要勤换水，可存半个月。

玉米

营养分析

玉米富含卵磷脂、谷物醇、各种维生素，具有利尿、降压、降糖、止血、利胆等作用。常食玉米，可增强体力和耐力，防治便秘等症。

玉米的保存技巧

玉米煮熟后，放入冰水中浸泡 1 分钟左右，可以使玉米保持鲜嫩不干瘪长达 1 小时。如果生玉米需要长期保存，只要将玉米去皮，用保鲜膜包好放入冰箱冷冻即可。

冬瓜

营养分析

冬瓜含水量很高，具有清热解暑、利尿通便、养胃生津之效；冬瓜所含的丙醇二酸，能抑制碳水化合物在体内转化为脂肪，有利减肥。

切开的冬瓜巧贮存

冬瓜切开不久，其横切面就会渗出黏液，这个时候用一块比冬瓜横切面大一点的保鲜膜贴上，再用手将其抹紧，便可保持冬瓜 3~5 天不烂。

甲鱼

营养分析

甲鱼含有蛋白质、脂肪、钙、铁、动物胶、角蛋白及多种维生素，是不可多得的滋补品；甲鱼还可入药，用于医治咳嗽、盗汗、肾亏、闭经等症；甲鱼胆可治高血压，卵能治久泻久痢，血能治小儿疳积。

食用提示

买回来的甲鱼如果死了，就千万不要再吃，更不要购买死甲鱼，因为吃死甲鱼会中毒。此外，甲鱼不宜与兔肉、猪肉、苋菜等同食。

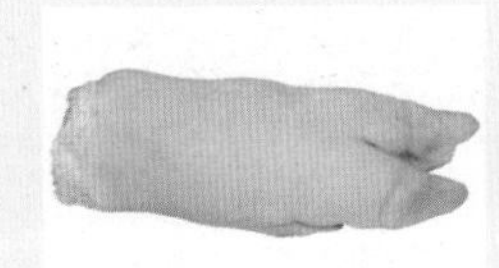

猪蹄

营养分析

猪蹄含丰富的蛋白质、碳水化合物以及胶原蛋白，脂肪含量也较低，可防止皮肤起皱，增强皮肤的弹性和韧性，使皮肤光嫩、紧致，并能改善面部血液循环及营养状况，对延缓衰老和生长发育都具有特殊意义。

烹饪指南

煲汤时，一定要将猪蹄上的毛拔干净，否则会影响汤的口感。可先将猪蹄用开水煮涨，再用指甲钳拔除猪毛。

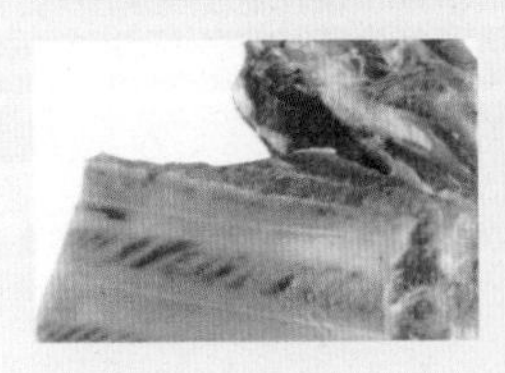

猪骨

营养分析

猪骨性平，有益肺、化痰、生乳、补虚、壮腰、强筋等功效。肺结核、胸膜炎等患者经常食用猪骨，能增强对结核杆菌的抵抗力，促进病灶的好转或愈合。

巧炖骨头汤

炖骨头汤时加入适量食醋，会使骨头更容易酥软，而且骨头中所含的维生素、钙、磷、铁等营养素也更容易分解出来，提高骨头汤的营养价值。

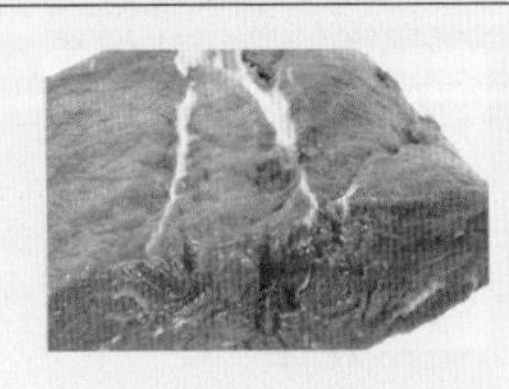

牛肉

营养分析

牛肉是优良的高蛋白食品；牛肉中还含有多种维生素和少量矿物质；牛肉的氨基酸组成比猪肉更接近人体需要，能提高机体的抗病能力，对青少年，术后、病后患者特别适宜。

烹饪提示

煮牛肉时，应该先将水烧开，再往锅里放牛肉，这样不仅能保存肉中的营养成分，而且味道特别香；还需注意不要一直用大火，因为牛肉遇高温，肌纤维会变硬，从而不易煮烂。

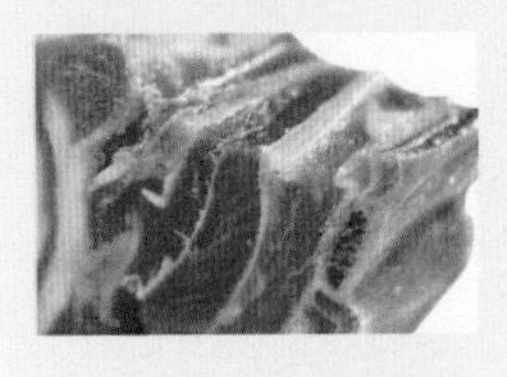

羊肉

营养分析

羊肉含有丰富的蛋白质、脂肪，同时还含有维生素 B_1、维生素 B_2 及多种矿物质，营养十分全面；羊肉可增加消化酶功能，保护胃壁，帮助消化，对患有风寒咳嗽等症的人很有益。

羊肉去膻法

烹调前，将羊肉肥瘦分割，并剔去肌肉间隙带脂肪的筋膜，切制成块，然后分开漂洗。经过漂洗，一般可清除膻气物质。

猪血

营养分析

猪血中的血浆蛋白被人体内的胃酸分解后，产生一种解毒、清肠分解物，能够与侵入人体的粉尘、有害金属微粒发生反应，将毒素排出体外。此外，猪血还有抑制结石的功效。

巧识真假猪血

真猪血的色泽呈深红色，假猪血呈浅红色；真猪血的断面粗糙，重量较重，而假猪血的断面很整齐，可以捏成粉，捏后手上会残留色素的颜色。

附录2

养生汤常用的12种中药材

枸杞

功效详解

枸杞具有滋肾、润肺、补肝、明目的功效。能防治动脉硬化，抗衰老，对肝肾阴亏、腰膝酸软、头晕目眩、目昏多泪、虚劳咳嗽、消渴、遗精、高脂血症有很好的改善作用。

食用建议

枸杞与其他药物和食物搭配没有什么大的禁忌，但外邪实热者、脾虚有湿及泄泻者、感冒发热患者不宜食用枸杞。

麦冬

功效详解

麦冬具有养阴生津、润肺清心的功效，可用于肺燥干咳、虚劳咳嗽、津伤口渴、心烦失眠、内热消渴、肠燥便秘、咽白喉、吐血、咯血、肺痿、肺痈、消渴、热病津伤、咽干口燥等症。

食用建议

麦冬不宜与款冬、苦瓠、苦参、青囊同食；麦冬与黑木耳同食，容易引起胸闷不适感。脾胃虚寒泄泻者、风寒咳嗽者忌服麦冬。

茯苓

功效详解

茯苓具有渗湿利水、益脾和胃、宁心安神的功效。对小便不利、水肿胀满、痰饮咳逆、呕哕、泄泻、遗精、淋浊、惊悸、健忘等病症有较好的食疗作用，尤其适宜水肿、尿少、脾虚食少及便溏泄泻者服用。

食用建议

阴虚而无湿热者、虚寒滑精、早泄者、遗精者、夜尿频多者、遗尿患者均不宜食用茯苓。

桂圆肉

功效详解

桂圆肉是健脾益智、安神、补血、抗衰老的佳品，具有补益心脾、养血宁神、健脾止泻、利尿消肿等功效；对虚劳羸弱、失眠、心悸、神经衰弱、记忆力减退、惊悸、怔忡、贫血有较好的疗效。

食用建议

痰多火盛、阴虚火旺、腹胀、舌苔厚腻、风寒感冒、月经过多者，以及慢性胃炎、糖尿病、痤疮、盆腔炎、尿道炎患者不宜食用。

党参

功效详解

党参具有补中益气、健脾益肺的功效，能抗疲劳，调节胃肠道，促进凝血，升高血糖，促进细胞免疫作用。对脾肺虚弱、心悸气短、食少便溏、虚喘咳嗽、内热消渴等病症有较好的食疗作用。

食用建议

党参不宜与藜芦同用。有实证、热证者，中满有火者，气滞、火盛者均不宜服用党参；正虚邪实证，不宜单独服用。

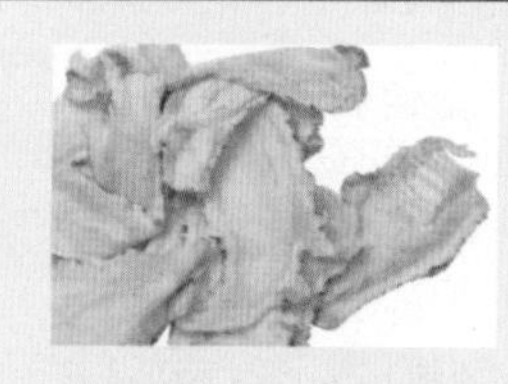

当归

功效详解

当归是调经止痛的理血圣药，具有补血和血、调经止痛、润燥滑肠的功效。对月经不调、经闭腹痛、血虚头痛、眩晕、赤痢后重、肠燥便秘、风湿痹痛、跌打损伤等病症有较好的食疗作用。

食用建议

月经过多、风寒未消、恶寒发热者，脾湿中满、脘腹胀闷、大便溏泄者，慢性腹泻、热盛出血者，孕妇产后胎前，均不宜服用当归。

山药

功效详解

山药具有补脾养胃、生津益肺、补肾涩精等功效，可用于脾虚食少、久泻不止、肺虚喘咳、肾虚遗精、带下、尿频、虚热消渴等常见病症的治疗；山药还有降血糖的作用，对糖尿病有一定疗效。

食用建议

山药与鳗鱼同食，会不利于营养物质的吸收；山药与黄瓜、菠菜同食，会降低食物的营养价值。此外，腹泻者、感冒者、发热者均不宜食用山药。

杜仲

功效详解

杜仲具有补肝肾、强筋骨、安胎的作用，主治肾虚腰痛、筋骨无力、妊娠漏血、胎动不安、高血压等。杜仲还含有多种药用成分，具有增强肝脏功能及肾功能、通便、防止老年记忆衰退、增强血液循环、增强机体免疫力等药理作用。

食用建议

杜仲性味平和，补益肝肾，诸无所忌，但阴虚火旺以及肾虚火炽者慎服，内热、精血燥者忌服。

川芎

功效详解

川芎具有行气开郁、祛风燥湿、活血止痛、通达祛淤以及抗辐射的功效，主治风冷头痛眩晕、寒痹筋挛、难产、产后淤阻腹痛、痈疽疮疡；川芎还可用于治疗中枢神经系统及脑血管疾病。

食用建议

肝阳上亢、阴虚火旺、上盛下虚、气弱之人以及月经过多者、孕妇忌服川芎。川芎用量宜小，因为分量过大易引起呕吐、晕眩等不适症状。

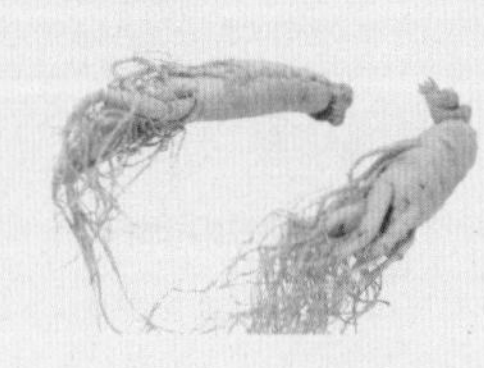

人参

功效详解

人参具有大补元气、复脉固脱、补脾益肺、生津安神的功效，主治体虚欲脱、肢冷脉微、脾虚食少、肺虚喘咳、津伤口渴、内热消渴、久病虚羸、惊悸失眠、阳痿宫冷、心力衰竭、心源性休克等症。

食用建议

人参不能与藜芦、五灵脂制品同服，服药期间不宜同吃萝卜或喝浓茶。感冒患者、有实火者以及阴虚阳亢者也不宜服用。无论是煎服还是炖服，忌用五金炊具。

百合

功效详解

百合具有润肺、清心、调中之效，可止咳、止血、开胃、清心安神，主治肺热久咳、咳吐痰血、热病后余热未清、虚烦惊悸、神志恍惚、脚气水肿，还有助于增强体质、抑制肿瘤细胞的生长、缓解放疗反应。

食用建议

百合与虾皮同食，会降低营养价值。此外，风寒咳嗽者、脾虚便溏者均不宜食用百合。

黄芪

功效详解

黄芪具有补气固表、利尿托毒、排脓敛疮、保肝降压、延缓衰老、增强机体免疫功能的作用，用于中气下陷所致的脱肛、子宫脱垂、内脏下垂、崩漏带下等病症，还可用于表虚自汗及消渴。

食用建议

高血压患者、面部感染患者、消化不良者、上腹胀满者和有实证或阳证者、感冒患者以及身体干瘦结实者和正处于经期的女性，均不宜服用黄芪。

附录3

养生汤食谱速查表

滋补肉类汤：

清淡蔬菜汤：

美味瓜果汤：

鲜香海味汤：

健身豆类汤：

营养蛋类汤：